THE LIGHTS IN THE TUNNEL

机器危机

[美] Martin Ford 著　　七印部落 译

华中科技大学出版社
中国 · 武汉

图书在版编目(CIP)数据

机器危机 /(美) 马丁·福特著；七印部落译. —武汉：华中科技大学出版社, 2016.6
ISBN 978—7—5680—1831—9
Ⅰ. ①机…
Ⅱ. ①马… ②七…
Ⅲ. ①机器人－影响
Ⅳ. ①TP242
中国版本图书馆 CIP 数据核字(2016)第 110476 号

湖北省版权局著作权合同登记 图字：17-2016-122 号

机器危机
Jiqi Weiji

作　者：[美] Martin Ford
译　者：七印部落

策划编辑：徐定翔　　责任校对：张　琳
责任编辑：徐定翔　　责任监印：周治超
出版发行：华中科技大学出版社（中国 武汉）
武昌喻家山（邮编 430070 电话 027-81321913）
录　排：华中科技大学惠友文印中心
印　刷：湖北新华印务有限公司
开　本：880mm × 1230mm 1/32
印　张：7.75
字　数：160 千字
版　次：2016 年 6 月第 1 版第 1 次印刷
定　价：49.90 元

译　序 | THE LIGHTS IN THE TUNNEL

译序往往既有王婆卖瓜的嫌疑，又有替人吆喝的尴尬。这主要是因为写序的人大多只盯着一个目标，而不太愿意考虑事情的其他方面。这样做的结果是，即使不看，你也知道它要讲什么。我不敢说这样写序不对，但至少没什么趣味。所以这次我想考虑一下有趣的方面。

《机器危机》是七印部落翻译的第七本书，这本书与我们此前翻译的书不一样。我们此前翻译的大多是讲创业和产品管理的“工具书”，这些书虽然受欢迎，但你很难说它们有趣。“工具书”可以解决问题，可以提高工作效率，但很难写得有趣。

自从做七印部落微信公众号以来，我越来越看重做事的乐趣，因此对不能带来乐趣的工作越来越没有耐心。好在这次翻译的是《机器危机》。

《机器危机》体现了思维的乐趣——充分合理发挥想象和联想的乐趣。作者马丁·福特的想象力主要表现在两个方面。第一，他想到了一个新奇的问题，即科技进步（具体来说就是机器自动化）是否会造成新的全球经济危机；第二，他用讲故事的方式（具体来说就是做思维实验、举美国奴隶制的例子等）来论证自己的观点。我以为这两方面的内容是全书的精华。我还以为，一个人如果想写出引人入胜的文章，具备这两方面就够了，我就是这样写文章的。

不幸的是，当作者试图解决自己提出的问题时，这本书又有变成“工具书”的倾向——乐趣打了折扣。作者的解决方案是否可行，我没能力判断，但我并不担心，因为时间自然会帮我检验。我只是为一本有趣的书没能把趣味坚持到最后略感遗憾。

这件事再次证明，不管是写序还是写书，工具思维与乐趣思维是水火不相容的。

徐定翔

2016 年 5 月 18 日

目　录

THE LIGHTS IN THE TUNNEL

前　言 | THE LIGHTS IN THE TUNNEL

2008 年的金融危机是大萧条[†]以来最严重的一次，其阴影几年后仍未散去。像许多人一样，我很关心世界经济形势，又由于我从事软件开发工作，并且经营着一家科技公司，因此我也很关心计算机技术的发展。我一直在思考经济与科技之间错综复杂的关系。人们普遍认为 2008 年的金融危机是由经济问题引发的。但是，科技进步会不会也是造成经济低迷的重要原因之一？如果真是这样，不断发展的科技在接下来的若干年里又会给世界经济带来哪些冲击？未来的经济又将呈现什么样的面貌呢？

[†] 译者注：即 Great Depression，指 1929 年至 1933 年之间发源于美国的经济危机。

在我们这些 IT 行业的从业者看来，计算机总有一天会达到甚至超过人类的智商和能力，这是毋庸置疑的事。谷歌创始人之一拉里·佩吉（Larry Page）就曾公开发言说："谷歌正在大范围地开展人工智能实验，人工智能并不像人们想的那么遥远。"著名的发明家、预言家雷·库兹韦尔（Ray Kurzweil）更是直接表态说：到 2029 年，计算机至少会变得跟人一样聪明。

虽然有些保守的专家认为机器不可能达到人类的智力水平，但是没有人否认计算机和机器人的能力会变得越来越强。如果机器能够代替普通人完成标准化的工作，甚至比普通人干得更好，那么它会对经济产生什么样的影响？毫无疑问，就业市场首先会受到冲击。假设你是企业老板，想想雇用普通工人的麻烦：休假、病假、工资税、工作表现不稳定，还有产假和安全问题……而机器可以不知疲倦地完成几乎所有常规工作，而且成本更低，你还会雇用普通工人吗？

机器即使无法实现真正的智能化，也会在各类细分领域得到更广泛的应用。事实上，普通人（包括那些有大学文凭的人）手头的常规工作是很琐碎的，根本用不着全力开动脑筋，所以许多人觉得工作无聊。既然计算机已经打败了国际象棋冠军，并且在智力问答竞赛中战胜了最聪明的人类选手[†]，

[†] 译者注：2011 年 IBM 的超级计算机沃森（Watson）在著名益智节目 Jeopardy!上经过三天较量战胜了此前从未有过败绩的人类选手。

那么它很快就有可能胜任一般的常规工作。

德勤（Deloitte）会计师事务所和牛津大学2014年联合发布的报道称，未来预计有1000万工作岗位将会被机器人取代。在2033年之前，全美国45%的工作将会被机器人取代。

法国《星期日报》2014年也曾报道专业咨询机构罗兰·贝格的估计结果：到2025年，法国将有超过300万的就业机会被机器人所占领，近20%的工业将实现自动化生产，几乎所有的经济部门都将受到这一变革的影响，从农业生产领域到工业和建筑业领域，以及酒店服务部门，甚至是警察治安管理部门，都会受到波及，只有教育、卫生以及文化领域可以幸免。

既然我们这些科技行业的从业者纷纷在讨论科技发展的前景，我猜经济学家也一定正在讨论未来的经济前景。经济学家应该早就想到，万一机器变得可以胜任众多常规工作，我们应该怎么办。经济学家也许早就想好了应对之策，至少能给出好的建议，对吧？

很遗憾，事实并非如此。虽然科技工作者在积极思考，但是大多数经济学家还没有考虑过这个问题：人工智能将一劳永逸地取代大部分劳动力，从而导致结构性的大规模失业。主流经济学家认为，从长远来看科技进步总能促进经济繁荣，同时带来更多工作机会。这几乎成了一条经济学定律。敢于质疑这条定律的人都被讥讽为“新卢德分子”。

尽管大部分经济学家完全忽视了这个问题，科技界却一直在激烈地讨论未来科技及其可能带来的变化。这类讨论虽然也涉及人工智能对社会造成的威胁，但大部分人担心的是具有意识的超级计算机有一天会统治人类，而很少有人关注迫在眉睫的机器自动化对就业市场和全球经济的冲击。也许科学家认为船到桥头自然直，就算人工智能真的发展到让普通人失业的程度，市场经济也会有办法消化这些问题。然而，这种观点更像是一种自我安慰，没有任何的证据支撑。

就算科技可以解决科技自身的问题，那随之而来的经济问题和政治问题呢？让我们回忆一下，1993 年比尔·克林顿刚刚当选总统时就承诺改革医疗保障体系。众所周知，结果以失败告终。2013 年的医疗保障问题是不是跟 1993 年的很像？最近，美国国会再次提交全面改革医疗保障体系的提案。整整二十年过去了，这个问题仍然悬而未决。

可是，二十年来科技发生了什么样的变化？1993 年几乎没多少人听说过因特网，当时只有政府和高校用它来发送电子邮件；第一代移动电话刚刚面市；微软刚刚发布了 Windows 3.1（IBM PC 兼容机上的第一款可视化操作系统）。很明显，政治与经济体制改革的速度远远落后于科技发展的速度。如果科技在未来若干年真的会严重威胁世界经济，那么我们就必须坐下来冷静思考思考了。

1991 年苏联的解体有力地证明了自由市场经济具有其他经济体制无法比拟的优越性。我们或许有理由认为自由市场经济是人类最伟大的发明之一。没有资本主义作为经济基础，我们今天享有的由工业化进程带来的财富和社会进步将难以实现。从历史上看，科技进步与市场经济的结合一直在为社会创造财富。然而，这种状况会一直持续下去吗？我们可以听任现有的经济制度自由发展吗？

事实上，我们今天所理解的市场经济离开了稳定的劳动力市场是无法运转的。只有充分的就业才能保证收入有效分配给大众并转化成购买力，进而消费市场经济产生的各类商品。如果有一天机器可以取代大部分普通人的工作，那么市场经济运转的基本前提就会受到威胁，而这种威胁是市场经济自身无法解决的。这个问题值得我们认真思考。这就是本书的主题。

一旦开始思考科技进步对经济发展的威胁，你就会清楚地意识到这种趋势已不可逆转，甚至不久前的经济危机也与它脱不了关系。只要我们理性甚至保守地预测一下未来若干年科技发展的状况，许多现有的经济学观点马上就站不住脚了。例如，被寄予厚望的经济全球化很可能不会按照我们预期的方式发展。如果不提高警惕并做好应付危机的准备，我们将很难维持现有的经济繁荣，更不要说保证长久的社会稳定了。

科技发展从来就不是匀速进行的，它是加速前进的，它对经济的冲击会比我们想象的早，让我们措手不及。糟糕的是，这个问题还没有引起人们足够的注意。

THE LIGHTS IN THE TUNNEL

第一章

隧道

THE TUNNEL

机器或者说计算机有可能取代普通人完成大部分常规工作吗？科技真的会发展到这一步吗？如果这样的情况真的发生，将会对世界经济产生怎样的影响？

本书将讨论日新月异的科学技术，尤其是自动化技术对发达国家（如美国）和世界经济的影响。为了方便讨论，我们首先要在头脑中建立一个市场模型（也可以看成一个思维游戏）。这个模型将为我们预测世界经济前景提供独特的视角。

众所周知，近年来离岸外包（比如将工作外包给印度等工资水平较低的国家）引发了广泛的争议。在美国等发达国家，许多行业的从业者都担心他们总有一天会因此而失业。

虽然大多数人把失业的威胁归咎于离岸外包，但是我们知道机器自动化（机器代替人类工作）也一直在推波助澜。

《纽约时报》2013 年 9 月曾报道，南卡罗来纳州加夫尼一家叫“帕克代尔”的大型自动化纺织厂只有 140 名员工。而在 1980 年，相同生产水平的纺织厂至少要雇用 2000 多名工人。这 140 人的工作得以保留，主要是因为他们的工作任务暂时还没有出现低成本的自动化解决方案。目前，这些任务用人工来做仍然比较划算，比如用叉车搬运半成品纱线。但是未来呢？

传统的经济学观点对科技进步造成失业的问题持比较宽容的态度。这种观点认为机器自动化虽然导致某些地区、某些行业和某些职业出现局部的失业，但这正是市场经济的运转方式。一种工作消失了，经济增长和科技创新总会在另一个地方创造新的就业机会。总之，新产品和新服务会不断涌现，新企业和新工作机会也会随之而来。

传统的经济学观点还认为，制造业和相应的工作机会转移到中国这样的劳动力成本较低的国家会为这些国家的人们创造新的工作机会。这些国家将诞生一批新的中产阶级。这些逐渐富裕起来的人会激发新的产品需求和服务需求，从而促进全球市场的发展和繁荣。各国的企业都会从全球市场的繁荣中获益，就业机会则会遍地开花。

总之，人们普遍认为虽然全球化和自动化会导致暂时的萧条和小范围的失业，但科技进步最终会创造新的工作机会，造福所有人。

接下来，我将建立一个市场模型，用来驳斥上述观点。首先，让我们做一个与传统观点相反的假设：

未来的某一天——也许是多年以后——机器将有能力完成大部分普通人的工作，从而导致这些普通人无法再找到新的工作。

有些人也许不赞成这一假设，他们认为市场经济会不断创造新的工作机会。让我们暂时把这种反对意见放在一边（第二章还会详细讨论这一假设），继续我们的分析和讨论。毕竟，这只是一个模型而已。

那么，将要失去工作的普通人指的是哪些人呢？是大部分的劳动者，他们至少占到就业人数的 50%~60%。在美国，大约 28%的人拥有大学文凭。因此这些人当中还有一些人是大学生。这些人从事着最普通的工作，比如卡车司机、汽车修理工、百货商店售货员、超市收银员，还有各种办公室职员和工厂工人。他们不是神经外科医生，也不是麻省理工学院的博士。他们在码头卸货、推销保险、做房地产中介、销售笔记本电脑、记账、从事客户服务，在各类小公司工作。

他们就是我所说的普通人。

于是我们的假设就变成，在未来的某一天，机器将取代这些人的大部分工作。即使不是全部工作，比例肯定也不低，也许是 40%，也许是 50%，具体数字是多少并不重要。

我们同时假设，即使这些人再努力，也无法找到新工作。也许市场在某处创造了新的工作机会，但这些新工作对教育程度、工作能力和素质有着非常高的要求，因此普通人也许很难胜任。我甚至认为根本就不会出现新的工作机会。就算有新工作机会，也难保不会马上被机器抢走。

在开始建立模型之前，我们还要介绍一个概念——大众市场。

大众市场
The Mass Market

今天，有幸生活在经济较发达的国家和地区的人能享受到种类繁多的产品和服务。随便走进一家大型超市，你会发现各种价位的商品琳琅满目，简直令人目不暇接。而我们手机上的各种应用浩如烟海，让人眼花缭乱。

虽然我们对这种现象早已习以为常，但是如此丰富的产品和服务对普通大众而言是史无前例的。所有这些产品和服务的出现都归功于大众市场的蓬勃发展。今天，无论是出售手机、平板电脑、智能穿戴设备、电动汽车的公司，还是提供个人金融服务的公司，它们面对的都是由成百万乃至上千万潜在消费者组成的市场。正是这看似无限的消费潜力催生了海量的产品和服务。

当企业生产的产品或提供的服务达到一定数量后，就能实现生产规模化，从而降低成本和价格。同时，大规模生产允许企业采用统计质量控制方法，从而提高生产流程的协调性和精确度。

于是，在大众市场的推动下，不仅产品的价格更便宜了，而且品质也更加优良可靠了。

也就是说，大众市场不仅为我们提供了似乎无穷无尽的选择，而且提高了我们对产品质量和服务水平的期望。它所带来的便利已经产生了深刻的影响。对大多数人来说，它已经成为我们的生活，甚至文化的一部分，成为我们判断生活水平的重要标准。

大众市场模型

Visualizing the Mass Market

现在让我们在头脑中为大众市场建立一个模型（也可以

看成一个思维游戏），以便更好地理解大众市场的运行机制。等到这个模型在我们眼前变得清晰可见，我再回头讨论自动化会对市场经济产生哪些影响。

开始前，我应该指出，为了简化问题，我将全球大众市场看成一个整体。虽然不同国家和地区的市场各有特色，但它们却紧密相连。虽然这些市场之间存在地理位置相隔较远、语言障碍、标准不统一（比如有些美国手机在其他国家无法使用）、文化差异等问题，但是在全球化和互联网的持续推动下，它们的联系已经变得越来越紧密。因此，我们可以放心地把它看成一个整体。

首先，让我们将大众市场想象成一个巨大的隧道。隧道内一片漆黑，只有无数星星点点的白色光点穿梭其间。这些光点如同缓慢移动的小星星，每一个光点代表一个参与市场的消费者。

这些光点看起来似乎不计其数，但其实只代表了世界人口的一小部分，包括美国、加拿大、日本、澳大利亚、新西兰等发达国家的消费者，以及中国、印度、俄罗斯和巴西等发展中国家快速成长的中产阶级。所以隧道内大约有 10 亿个光点。

光点的亮度代表每个人的购买力（或可支配收入）。为了进入隧道参与市场消费，每个人必须达到一定的购买力。如果我们仔细观察隧道外面，会发现超过 50 亿几乎难以察觉的光点。这些黯淡的光点代表生活在贫困线以下的人，他们每天的生活消费不超过 10 美元。这些人大约占世界总人口的 80%。毋庸置疑，这些光点也想进入隧道。然而，除非它们达到足够的亮度，否则无法进入隧道。尽管如此，我们可以看到在隧道两端的入口处不断有光点突然变亮，然后进入大众市场。这些就是中国、印度等国家正在不断涌现的中产阶级。因此，隧道内的光点一直处于持续增加的状态。

我们还发现，隧道中漂浮的绝大多数光点处于中等亮度。他们就是我前面所说的普通人。再靠近一些观察，我们可以看到隧道中还有许多微弱的光点，它们代表处在市场边缘的参与者。这些人刚刚达到留在隧道内的最低标准。他们要么工资很低，要么依靠政府救济或失业保险生活。在这些微弱的光点中，有一部分很快又变亮了，这是由于他们经过短暂的失业后又找到了新工作。不过还有一部分人则深陷贫困的泥淖，无法自拔。这些人无时无刻不在贫困线上挣扎，稍有松懈就会被隧道淘汰。即便是在美国也不乏被淘汰者，比如那些无家可归的流浪汉。

最后，隧道里还有一些比较亮的光点，它们代表有钱人。这些人大多接受过高等教育，具备专业技能，因而收入非常可观。但这些光点只占少数，而且亮度越高，数量就越少。偶尔我们还会看到一两颗极其耀眼的光点，如同太阳般光芒四射，它们代表真正的富豪。这些人通过继承遗产、创办企业或其他方式积累了巨额财富。

尽管如此，真正吸引我们注意的还是数量庞大的普通光点。仅凭直觉，我们就能看出这些普通光点才是构成大众市场的有生力量。

现在，让我们随着光点进入隧道内部。环顾四周，我们看到隧道内壁布满了彩色的方块，这是成千上万的显示屏。它们尺寸各异，布局五花八门，每一块都在不停地播放着某种产品或服务的广告。

有些巨大的显示屏占据了隧道内壁显著的位置，各自播放着自己产品的广告。这些都是家喻户晓的大公司和大品牌。尽管这些大显示屏非常显眼，但是隧道内壁的绝大部分区域却是由数以万计的小显示屏覆盖着。这些就是各种小企业和小公司，它们同样为大众市场的繁荣做出了贡献*。

继续观察这些光点，我们会发现它们被各式各样的显示屏所吸引。此刻，数以千计的光点涌向一块著名汽车制造商的显示屏，轻轻接触后，又弹回隧道的中心区域。当光点碰

* 我们假设隧道中还有一些影响范围较小的生意（比如餐厅）。虽然这些小生意不直接服务于全球市场，但它们也参与隧道中的活动，同时极容易受到大众市场整体行情的影响。

到显示屏时，我们注意到它们稍稍变暗了，而显示屏则补充了新的能量。这是因为新车销售出去了，同时财富也发生了转移。

隧道内存在某种自然的运转机制。就在新车销售出去的一瞬间，众多随机分散于隧道各处的光点突然变亮了。这些光点代表汽车制造商的员工，它们因为汽车销售而获得了新能量。这些人又会购买其他公司的产品或服务。财富就这样实现了重新分配。

在隧道墙壁后面还有许多看不见的公司和交易。比如，汽车制造商销售汽车之后，又向一家大型的钢铁企业购买钢材。于是这家钢铁企业的员工就获得了新能量。

持续观察一段时间，我们会发现隧道内的显示屏也处于不断的变化之中。我们注意到，有些显示屏逐渐变暗，吸引的光点也越来越少。其中一些能够一反颓势，重振旗鼓，还有一些则最终变得漆黑一片。

尽管如此，隧道内仍然不断有新的显示屏出现，取代被淘汰的显示屏。其中不乏发展速度惊人者，这些是取得了突破性创新的企业。在大众市场中，企业的生死存亡与繁荣衰败是由消费者的集体购买行为决定的，这是一种自然形成的运转机制。一家低效的公司倒闭后，其资金、资源和员工最终会进入更强大的新企业。一块显示屏变黑后，其员工的光点也会相应变暗，但只要及时找到新工作，它们很快就能恢复亮度。

现在我们已经非常清晰地了解了大众市场的运转机制。伴随着消费行为的发生（光点与显示屏的接触），财富在消费者、企业和员工之间实现了重新分配（有些光点变暗，有些光点变亮）。有些显示屏逐渐变暗，最后被淘汰，新的显示屏则如雨后春笋般冒出来。

同时，隧道内光点的数量也在不断增加，这是因为有新的光点源源不断地进入隧道。除此之外，我们可以感觉到隧道中光的总体亮度也在逐渐增加——仿佛总能量随着不断交换和转移在自然而然地增长。

这就是我们的模型，在市场机制的作用下，参与者的数量和财富总额都在不断增长。它就是推动市场经济发展的主引擎。

自动化的冲击
Automation Comes to the Tunnel

我们已经为大众市场建立了模型，接下来可以模拟机器自动化的实验了。为方便起见，我们先分析机器取代普通人工作的情况，有关离岸外包的问题稍后再讨论。

现在假设机器自动化已经发展到这样一种程度，即企业使用自动化机器的技术和条件已经成熟，而且使用机器的成本已经低于雇用普通工人的费用。我们不难想象，在这种情况下，企业为了追求利润最大化会争先恐后地采用自动化的机器设备。这就意味着越来越多的普通人将失业。

回到隧道内，让我们开始缓慢地、逐步地剥夺普通人的工作。那些受到影响的光点开始变暗，其中大部分最终会完全熄灭。

自动化进程将对全球的就业市场造成冲击。在发达国家，失业者通常在一段时间内还能领到政府救济或失业保险，不过这点钱仅够维持微弱的光亮。而在第三世界国家，由于缺乏社会保障制度，这些不幸的人将被迫离开隧道，他们的光点将完全消失。

面对这浩如烟海的光点，我们现在还很难完全看清自动化进程带来的整体影响。不过，我们至少能够发现隧道中某些原本就比较亮的光点变得更加耀眼了。当机器开始取代普通人的工作后，隧道中很多企业的赢利能力大大增强，产生的财富则相应地转移到企业所有者和高层管理者的口袋里。随着自动化进程继续推进，我们将看到明亮的光点不断吸收能量，变得越来越亮，而普通的光点越变越暗，直到完全熄灭。隧道中的财富变得越来越集中化。

最后，我们看到隧道中的情况出现了质变。很明显，隧道中的光点数量在持续减少。同时，我们可以感受到隧道内的显示屏变得越来越浮躁，它们播放广告的速度越来越快。显示屏急切地闪烁着，竭尽全力想要吸引不断减少的光点。

现在，隧道内的企业突然意识到市场对其产品和服务的需求在大幅度地下降，尽管隧道里最亮的光点仍在不断变亮。这是为什么呢？

假设你是一位手机推销员，你的工作是销售一款售价100美元的手机，销量越多越好。现在给你两个选择：第一个是给你机会向美国最富有的两个人推销手机，他们是比尔·盖茨和沃伦·巴菲特；第二个选择是向1000个普通人推销。你会选择哪一个？前者很有诱惑力，能够见到盖茨和巴菲特是多么让人兴奋的事，但是考虑到要完成工作任务，你应该会同意后者才是明智的选择。因为真正拉动大众市场需求的并非某一两个客户所拥有的财富，而是整个市场的潜在消费者数量。你不可能把40部手机卖给同一个人，无论他多么富有。

现在我们能够清楚地感受到隧道中的许多企业已处于水深火热之中。与巨大的销售落差相比，他们用机器代替工人节省的成本显得那么微不足道。这些企业此时不得不开始采取措施，否则将无法继续生存。

企业首先会做的是进一步裁员。厂房、设备、办公楼之类的东西称为固定资产，它们虽然占用了企业的大部分资金，但很难立即处理掉。假设一家企业刚刚购入一批新型的自动化生产设备，企业负责人就发现市场需求开始下降了。这时，企业不能以市场需求下降为借口要求退货退款，于是它就被这些设备套牢了。因此，当市场需求快速下降时，企业为了继续生存通常只有一个选择：进一步裁员。经济不景气时裁员，这是企业惯常的做法，而且是正常的商业行为，无可厚非。

现在，隧道中的企业开始进一步裁员。为了渡过难关，有些企业甚至解雇了一些处在重要位置的员工。渐渐地，我们看到一些原本比较亮的光点也迅速变暗了。

市场持续疲软对发展中国家（如中国和印度）的制造企业影响尤为严重。这些企业属于劳动密集型，严重依赖大批量的生产和出口。现在他们不得不变本加厉地裁员，于是再也没有新的中产阶级能够进入隧道了。

由于就业市场不景气，隧道内的光点变得稀稀落落。许多企业奄奄一息，摇摇欲坠，黑暗逐渐吞噬了整个隧道内壁。最后，即使那些最耀眼的光点也难逃厄运，逐渐失去了光亮。隧道内的财富走向了枯竭。

隧道陷入愈发浓重的黑暗，犹如一潭死水。那些幸存的光点也逐渐熄灭，最终湮灭在这漆黑一片、空无一物的隧道里。

以史为鉴

A Reality Check

显然，我们的实验模拟结果不是人们愿意看到的。也许我们的实验前提——机器将取代普通人的工作——就不成立，不过，这个问题将留到下一章再讨论。那么，模拟过程本身是否存在问题呢？或许我们应该回顾一下历史，看看能否从历史里找到印证。

让我们暂时忘掉隧道，回到 1860 年的美国南方。当时，美国历史上最严重的反人类罪行正在这片土地上肆虐。远在高科技出现之前，人类就已经发明了一种极其原始且违反人性的“自动化”——奴隶制。

谈到奴隶制，人们的注意力几乎都集中在道德沦丧和骇人听闻的暴行上，因此，很少有人认真思考奴隶制（把一部分人当成机器使用）对社会经济的影响。虽然以亚伯拉罕·林肯为首的北方人民反对奴隶制主要是出于道德诉求，但是南北不同的经济体制也是双方产生冲突的重要原因。

北方经济以自由劳动力和创业精神为基础，它保证大多数人可以获得较平等的机会。相反，南方各州把奴隶作为劳动力，财富主要集中在拥有大量奴隶的农场主手里。南方的经济体制导致市场能提供的自由劳动机会非常有限，所以南方的普通白人很难改善他们的境况。

历史文献记录了奴隶制对于南方经济的影响。多丽丝·科恩斯·古德温（Doris Kearns Goodwin）在《林肯与劲敌幕僚》一书中详细描述了后来成为国务卿的威廉·西沃德（William Seward）在1835年旅行时的所见所闻。当时西沃德与家人从纽约州的老家出发前往蓄奴州弗吉尼亚。当西沃德一家人告别熟悉的城市，踏上弗吉尼亚的土地时，他们面对的是截然不同的一番景象。一路上道路坑洼不平、荒无人烟，几乎见不到民居和旅馆，更不要提公司了。乡村仅有星星点点的破败草棚，土地贫瘠不堪、寸草不生。西沃德感慨道："奴隶制的诅咒让这片原本受人尊敬且充满故事的'老自治领州'（弗吉尼亚州的别名）沦落到如此不堪的境地，以至于在我所去过的所有国家里，只有经历了四十年战争、耗尽举国财力、民不聊生的法国能与之相比。"

看起来我们的模拟实验与美国南方的奴隶制经济有某些相似之处。在我们的隧道里，当普通光点开始变暗时，最亮的光点反而变得更加耀眼了。这一点与南方的经济状况非常相似，财富主要集中在农场主手里，而大多数人却身陷贫困。

不过，两者有一个明显的区别。在我们的模拟实验里，经济状况迅速恶化，到后来连最亮的光点也开始变暗。相反，南方的奴隶制却延续了两百多年，在1861年美国内战爆发之前，历代农场主一直都牢牢掌握着自己的财富。根据我们模拟的实验来看，奴隶制（或自动化）经济注定会走下坡路，那为什么南方各州能够保持如此长久的稳定发展呢？

原因在于南方各州的经济主要依赖出口。比如，南方大型农场种植棉花，然后销往欧洲和北方各州加工成纺织品和服装。正是这样持续不断的财富流入才使得南方的经济得以维持发展。

我们的隧道模型模拟的是全球大众市场，因此不存在出口市场。在我们模拟实验中，全球化的自动化进程使得隧道内的光点数量持续减少，最终导致全球市场需求大幅下降。不难想象，如果南方各州中断与外界的贸易，它们的经济状况很快就会恶化。

实际上，当南方各州相继退出联邦之后，林肯总统首先采取的措施就是对南方实行经济封锁。该政策的效果非常明显，最终导致南方棉花的出口量降低了 95%，这也成为内战爆发的导火索。1865 年战争结束时，南方的经济已经彻底崩溃。我们完全可以推测，如果经济封锁能够在不动一刀一枪的情况下一直持续下去，最终也会摧毁南方的奴隶制。

将奴隶制和机器自动化对经济的冲击做对比合理吗？我必须指出，这种对比无疑低估了自动化的效率。奴隶制因其自身反人类的性质而产生了很多显而易见的成本，包括强迫和监督奴隶工作的直接成本，以及奴隶消极怠工的间接成本。相比之下，机器的所有者完全不需要承担这些成本。而且，机器可以永不停歇地工作，其生产效率甚至有可能超过工作热情极高的人。

小结
Summarizing

模拟实验的结果以及我们对美国南方奴隶制经济的分析似乎都支持这样一种观点：一旦自动化大范围冲击就业市场，大众市场经济就会走向衰败。原因很简单，如果我们把市场看作一个整体，就不难发现靠工作获得收入的劳动者同时也是购买产品和服务的消费者。

换句话说，机器虽然能代替人类工作，却不会参与消费（除非科幻小说描写的具有意识的机器人真的出现）。想想之前提到的推销手机的例子，让少数人暴富无法弥补大量潜在客户流失带来的损失。虽然只有富豪买得起游艇和法拉利跑车这样的奢侈品，但真正支撑世界经济的是大量普通人的需求。

在自动化进程的早期阶段，它对经济的冲击还不明显。第一批实现自动化的企业开始裁员，其生产成本大幅下降，而此时市场需求还没有出现显著的下降。事实上，需求在一段时间内也许不降反升，因为产品价格降低了。因此，企业利润以及管理者和股东的收入都会增加。这就是隧道中那些较亮的光点在最初阶段会变得更亮的原因。

然而，随着越来越多的企业实现自动化，总有一天，潜在消费者消失带来的损失会超过自动化带来的好处。到那时，企业将被迫大量裁员，导致市场中的消费者数量急剧减少，市场需求大幅缩水。于是整个经济就陷入了螺旋式的恶性循环，每况愈下。

结局显然不妙。不过，我们还需要检查我们的假设是否成立。未来，机器真的有可能取代大部分普通人的工作，导致这些人再也找不到力所能及的工作吗？这种情况真的会发生吗？

THE LIGHTS IN THE TUNNEL

第二章

加速前进

ACCELERATION

现在让我们回头讨论自动化假设的合理性。我们不妨换个角度，来看看相反的假设。如果你认为我的假设不正确，那么你一定同意下面这个相反的假设：

科技永远不会发展到能够取代普通人工作的地步。市场经济总会创造新的工作机会，而且这些工作绝大多数人都能胜任。

从这个角度来看，你大概也会产生一丝犹豫，因为“永远”未免过于武断。永远有多远，这个期限实在是不好衡量。

为了便于讨论，我们不妨降低一点标准，把期限从“永远”改成我们子女的有生之年。这样问题就变得更具体，也更感性了。毕竟，没有人希望我们的下一代遭遇如此严重的灾难，哪怕我们自己看不到这一天。

如果今天出生的婴儿平均寿命是 80 岁，那么我们可以将期限设置在 2094 年。于是我要反驳的假设就变成：

2094 年之前，科技不会发展到能够取代普通人工作的地步。在此之前，市场经济会不断提供多数人能够胜任的新工作。

真的是这样吗？

越来越快
The Rich Get Richer

以往，人们习惯以匀速或渐变的方式看待问题和分析问题。因为在大多数情况下我们所处的物理世界就是以这样的方式运转的。虽然我们对加速度这样的概念并不陌生（开车或飞机起飞时常有的体验），但是日常生活中的加速持续时间都比较短。因此，我们很难想象持续数十年的加速，更不要说理解这种加速带来的影响了。

但是近年来，几乎所有人都感觉到这个世界的变化日新月异，而且速度还在不断加快。科技的发展尤为迅猛，对此我们已经习以为常。比如，今年购买的手机比几年前买的快得多，也薄得多，屏幕更大，软件应用更丰富，价格反而更便宜。

1965 年，英特尔公司的联合创始人戈登·摩尔（Gordon Moore）发现随着科技不断创新，半导体芯片单位面积上集成的晶体管数量每隔一段时间就会翻倍。摩尔推测在可预见的未来，晶体管的数量将一直以这样的规律增加。自那以后，摩尔的预测得到了充分的验证。虽然摩尔最初观察的是芯片的制造工艺，但是随着时间的推移，他的推测适用性越来越广，发展成一条预测人类控制和处理信息能力的经验法则。这就是我们所熟知的摩尔定律*。

随着科技的进步，计算机的处理能力大约每两年就会增长一倍。

摩尔定律与通常意义上的物理定律（如牛顿定律）不同，它是一条通过不断观察得到的经验定律。不过，由于摩尔定律的准确性不断被事实验证，它已经被科技界广泛接受。事实上，各种技术的发展速度不尽相同，而摩尔定律只是对宏观结果的估计。尽管如此，我们不能否认：计算机领域科技创新的实质是我们处理和传递信息能力不断提高，而摩尔定

* 有人把摩尔定律的周期定为 18 个月，我选择了更保守的两年。

律很好地概括了这种能力的变化情况。

我们知道数字按固定周期倍增称为几何级数增长或指数级增长（这两个术语有细微的差别，不过就我们讨论的内容而言，它们是等价的），所以摩尔定律还有另外一种表达方式：计算机的处理能力以两年为周期呈几何级数增长。为了帮助读者理解这种惊人的加速，我来举一个例子。假设我们有一美分，每天都增加一倍，持续一个月，结果会是多少呢？第一天是一美分，第二天是两美分，第三天是四美分，以此类推。

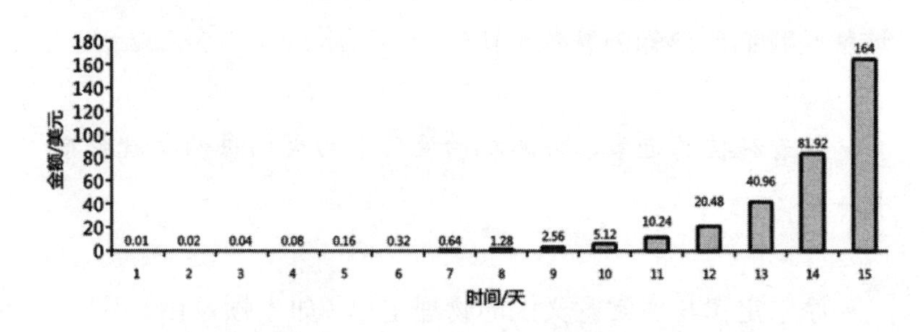

图 2.1　前 15 天的增长情况

图 2.1 显示了前 15 天的增长情况。可以看到刚开始增长很慢，然后逐渐加快。第 15 天时就达到了 164 美元。不赖吧？别忘了我们起初只有一美分。

图 2.2 显示了后 15 天的增长情况。我们大幅提高了柱状图的显示比例，否则将无法显示最后几天的巨大金额。图 2.2 从 164 美元开始，然而这个金额在新的比例尺下实在微不足道，所以在图中几乎看不清这一阶段的增长情况。直到第 22 天我们才稍微看到一点变化，而此时的金额已经超过两万美元。

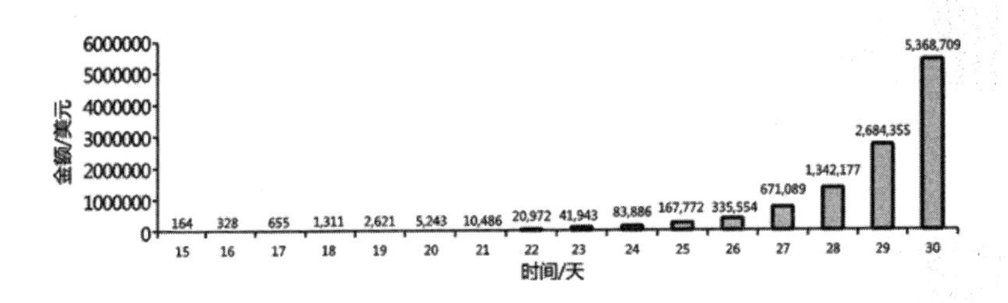

图 2.2　后 15 天的增长情况

数字从第 23 天开始猛增，第 28 天突破了 100 万美元大关，最后一天达到了 500 多万美元。这一个月可真是赚得盆满钵满。假如这个月有 31 天，那最终结果将接近 1100 万美元。如果再持续一个月，最后的数字将更为惊人：5764607523034235，将近 6000 万亿美元。

你看，几何级数增长或指数级增长是典型的“越来越快”的例子。基数越大，增长越快。与生活中常见的情况相比，这个结果着实让人震惊。无论是社会经济还是你的工资收入，能有几个百分点的增长就足以让人兴奋不已，计算机的处理能力真的会发展得如此迅速吗？

为了证明事实如此，让我说说自己的经历。1981 年，我进入密歇根大学计算机工程专业学习。当时只有为数不多的几所大学开设这个专业。人们对计算机未来的重要性还不甚清楚。

密歇根大学拥有当时全美最棒的计算机中心，使用的计算机是由阿姆达尔公司制造的最先进的大型机。在第一堂计算机编程课上，老师就要求我们使用打孔卡片编写并运行一个程序。

为此，我先要到大学的书店买一大盒空白的打孔卡片，这些卡片很像标准的索引卡片，只是更长一些。

接着，我用铅笔将程序写在纸上，然后带着空白卡片来到计算机中心的打孔机旁。我将一张空白卡片插入机器，然后键入一行程序代码，机器则会在卡片上打出相应的一系列孔。每输入一行代码都要重复这样的操作。如果不小心出错，就不得不扔掉那张卡片，重新再来。稍微复杂一点的程序可能要用到几百张卡片。

接下来，我带着卡片来到读卡机旁，小心翼翼地将卡片放进机器里。千万不能把卡片顺序弄乱，否则读卡机读取的就不是你设想的程序了。进入读卡机的卡片将与其他人的卡片一起排队等待计算机处理。

等待一段时间后（通常需要几个小时），才能去打印中心拿打印结果。由于程序往往需要反复修改，因此上述过程也许要重复许多次，才能最终拿到满意的结果。

显然，我们现在与计算机的交互方式已经发生了惊人的变化，以至于许多年轻的读者压根就不知道还有打孔卡片这回事。同时，计算机的运算能力也发生了惊人的变化。当年密歇根大学使用的是阿姆达尔 470/V8 大型机。这台机器售价约 200 万美元，其体积几乎有一整个房间那么大。

为了表示计算机的运算速度，人们发明一种称为 MIPS（每秒执行百万条指令）的计量单位。这就好比用马力表示汽车发动机的功率。虽然各种汽车的发动机构造不尽相同，但是它们都可以用马力来表示功率大小。同样，尽管各种计算机的设计不一样，但它们都可以用 MIPS 来大致表示运算的快慢。

如果把计算机运行程序比喻成钢琴家演奏音乐，那么每执行一条指令就相当于敲击一次琴键。密歇根大学的阿姆达尔主机当时的运算速度大约是每秒执行 700 万条指令，相当于钢琴家每秒敲击 700 万次琴键。显然，这位钢琴家的演奏速度非常惊人。对当时的计算机而言，这个速度已经相当快了。

1985年，我从密歇根大学毕业时，学校的情况已经发生很大的变化。此前一年，苹果公司发布了Macintosh计算机。Macintosh与其上一代机型Apple Lisa是最早面市的个人计算机，拥有图形界面和鼠标。密歇根大学采购了一大批这种新型计算机，学生在课堂上就不再使用大型机和打卡机了。

第一代Macintosh的运算速度是每秒执行100万条指令。换句话说，它的速度是阿姆达尔大型机的七分之一。这确实是了不起的突破。要知道Macintosh只是一台放在桌上的小机器，而阿姆达尔主机却是一台价值200万美元的庞然大物，需要单独的房间来摆放。

让我们回顾一下我大学毕业之后计算机处理速度的变化情况：

- 1988年，英特尔推出的386DX处理器运算速度为每秒850万条指令。IBM的首台个人计算机使用了该款处理器，它可以运行微软早期的Windows操作系统，其运算速度已经超过了阿姆达尔主机。
- 1992年，英特尔486DX处理器运算速度为每秒5400万条指令，几乎是阿姆达尔主机速度的8倍。使用486DX处理器的个人计算机能够运行微软的Windows 3.1操作系统。该操作系统取得了巨大的商业成功。

- 1999 年，英特尔奔腾 3 处理器的运算速度超过了每秒 13 亿条指令。我们的钢琴家现在每秒要弹奏超过 10 亿次琴键，接近阿姆达尔主机运算速度的 200 倍。
- 2014 年，英特尔酷睿 4 处理器的运算速度达到了每秒执行 1000 亿条指令，是 1981 年价值 200 万美元的阿姆达尔主机运算速度的 14000 多倍。

这些数字应该能够让你大概了解计算机的加速发展状况。正如发明家、预言家雷•库兹韦尔所言："几何级数增长非常具有欺骗性。起初很难察觉，但它会突然开始爆炸式地增长。"

在我毕业后的近三十年里，计算机的发展可谓突飞猛进。可见，除非科技发展的脚步大幅放缓，否则计算机将在 2030 年变得无比强大。而这个时间比我们在本章开头时设定的期限 2094 年早了六十多年。

机器自动化的近况

Automation Achievements

当然，有人认为计算机的运算速度不断提高并不代表机器就有能力代替普通人工作。这么说确实有一定道理，那么就让我们来看看机器自动化的实际发展情况吧。

在工业生产中使用机器人早已不是什么新鲜事了。从生产矿泉水到加工罐头，从生产半导体芯片到制造汽车，所有的大型工厂都在使用机器人或机器手臂。

2012 年，苹果公司的主要合同生产商富士康宣布，计划引进 100 万台机器人，从而大幅提高旗下劳动密集型电子工厂的生产效率。此后不久，富士康母公司鸿海集团总裁郭台铭又透露，鸿海准备在三年内让七成生产线实现自动化。鸿海集团在中国大陆雇用了约 100 万名工人。如果这项战略执行顺利的话，约有 70 万名工人将面临下岗的威胁。

无独有偶，2013 年 6 月，运动鞋制造商耐克公司也宣布，将进一步提高工厂的自动化水平，减少劳动力的使用。此前，耐克公司为了降低生产成本，已经将一部分工厂从中国迁往劳动力成本更低的越南和印度尼西亚。然而，2013 年上半年印度尼西亚的工资普遍上涨，还是影响了耐克公司的业绩。因此，耐克公司被迫加快了提高工厂自动化水平的速度。

机器人的使用并不仅仅限于制造业，它也在进入零售行业和服务行业。美国最大的百货零售商之一，克罗格公司（Kroger Company）就引进了高度自动化的配送中心。该系统能接收供应商的货盘，然后进行拆卸，并送往相应的货架。

自动化的仓库除了装卸货物上下卡车的环节外，完全无须人工干预。

稍后，我还会介绍更多机器取代普通人工作的情况。

据国际机器人协会统计，全球工业机器人的发货量在2000—2012年间增长了60%以上，2012年的总销售额为280亿美元。迄今为止，中国是全球增长最快的机器人市场。在2005—2012年间，中国的机器人装配量以每年大约25%的速度在增长。

从这些零星的报道和数字中我们不难看出全球机器自动化进程已经拉开了序幕。我们的隧道模拟实验已经在现实中开始上演了。

摩尔定律的未来

Moore's Law in The Future

让我们再回到对机器人核心（计算机）的讨论上来。摩尔定律在未来是否依然适用呢？至少在可预见的未来它将继续适用。也许有一天，半导体芯片上的晶体管尺寸会缩小到单个分子或单个原子的大小，目前的制造工艺将遇到无法突破的极限。不过到那时，应该会有新的技术诞生。此前，斯坦福大学的科学家宣布已经能够利用量子电子波的干涉图样进行编码，并且成功地对字母 S 和 U 进行了编码。换句话说，他们可以利用比原子更小的粒子进行数字信息编码。类似这样的科技将奠定未来量子计算的基础，把计算机行业带入原子甚至亚原子时代。

即使这类科技突破没能及时实现，导致单个处理器的运算能力最终达到了上限，人们还可以通过设计并行体系结构将大量价格低廉的普通处理器连接起来，实现更强大的运算能力。稍后，我们将看到这种技术已经得到了大规模的实现。就算摩尔定律真的失效了，并行计算也将为我们提供更高性能的计算机。

此外，除了计算机的硬件在加速发展，计算机软件的算法也在不断改善。与硬件发展受到物理现实的限制不同，软件的发展主要取决于算法、软件架构和应用数学的发展。在有些方面，算法的发展速度已经远远超过了硬件的发展速度。德国柏林祖斯研究院院长马丁·格罗谢尔（Martin Grötschel）在最近的研究中指出，如果使用 1982 年的计算机和软件，需要八十几年才能解决一个特别复杂的生产计划问题。而到 2003 年，同样的问题只需要 1 分钟就可以解决，计算性能提高了约 4300 万倍。在这二十多年时间里，计算机硬件快了约 1000 倍，这意味着解决问题的算法提升了大约 43000 倍。虽然这只是一个特例，但是我们至少可以肯定，计算机软件的发展绝不比硬件慢。因为 IT 行业不断推出新版本的软件来拉动硬件销售几乎是业界不争的事实。

退一步讲，即使摩尔定律的倍增效应无法一直持续下去，我们也没有理由认为科技将止步不前或者变成线性增长。哪怕倍增周期延长到四年或更久，它也仍然是几何级数增长，计算机运算能力的发展依旧会令人吃惊。

让我们再看看之前的假设：

2094 年之前，科技不会发展到能够取代普通人工作的地步。在此之前，市场经济会不断提供多数人能够胜任的新工作。

现在这个假设看起来还合理吗？别急，我还没讲完……

网格与云计算

Grid and Cloud Computing

在 1975 年，列出一张全球计算机的清单轻而易举。当时计算机主要用于政府机构、大学和大型企业。像 IBM 这样的制造商也许就能轻易提供一份清单，详细显示公司生产的每台计算机的安装地点。

从那以后，全球计算机的数量在飞速增长。有人估计现在全球有超过 10 亿台正在使用的计算机。不仅如此，计算机还以嵌入式系统的形式存在于各种手机、电子穿戴设备、汽车引擎、家用电器以及无数的机器里，计算机无处不在。此外，计算机的运算能力也发生了翻天覆地的变化。即便是那些被人们丢弃在垃圾场的计算机，其运算能力也是 1975 年的计算机的许多倍。

为了充分利用这些分布在全球的计算机，计算机专家发明了新的计算方式，网格计算就是其中一种。网格计算近年来发展得非常迅速，它借助特殊的软件将大量现有的计算机连接起来协同工作。于是复杂的计算问题就能分配给数百台乃至数千台计算机处理，从而提高运算效率。网格计算在解决棘手的科学问题和工程问题上取得了非常好的效果，其中最著名的案例是人类基因组项目。该项目 1990 年启动，于 2003 年完成，比原计划提前了两年完成。项目的主要任务是对人类 DNA 分子排序，确定构成人类遗传密码的大约 2.5 万个基因。破译 DNA 分子并识别每个基因需要海量的计算资源，网格计算在其中发挥了重要的作用。

人类基因组项目破解的遗传信息现已存储在数据库中，供科学家和研究者通过互联网访问。这些遗传信息是重要的知识宝藏，后人可以在此基础上做进一步的分析和研究，从而推动遗传学、生物工程、医药研究的发展。

网格计算有一个非常有意思的地方，那就是将互联网上闲置的计算机利用起来解决复杂的问题。大量计算机开机期间（尤其是晚上）都处于闲置状态，网民可以将他们闲置的计算资源贡献出来供网格使用。

斯坦福大学的 folding@home 项目是另一个著名网格计算项目，该项目旨在借助网格计算解决生物化学领域的蛋白质折叠问题。该领域取得的进展将有可能为癌症，以及包括亨廷顿症和帕金森症在内的疾病提供治疗方法。

加州大学伯克利分校开发的伯克利开放式网络计算平台（BOINC）也是一个网格计算项目，该平台允许个人将计算机的闲置时间贡献给各类科研项目，比如搜索地外文明（SETI）、预测气候变化、研究癌症和天体物理学等。参与以上两个项目的软件都可以从网上下载*。

网格计算有一个衍生物，那就是我们最近几年经常听说的云计算。云计算根据具体需求调配运算资源，从而最大限度地利用海量计算机的处理能力。用户使用云计算资源时可以按需取用，就像用电一样方便。

云计算已经成为亚马逊、Google和微软主要的竞争焦点。亚马逊目前是云计算服务的行业领导者，它已经成功地为世界各地的客户提供了云计算服务。此前名噪一时的循环计算

---

* http://folding.stanford.edu 和 http://boinc.berkeley.edu。

（Cycle Computing）公司就是亚马逊的客户。循环计算是一家专门从事大规模计算的公司，它能在短短 18 小时内解决单台计算机需要 260 多年时间才能解决的复杂问题。该公司依靠的就是亚马逊提供的由几万台计算机组成的云服务。有人估计过，客户只需要花 90 美元，就能在 1 个小时内使用亚马逊的 1 万台服务器。

Google 也不甘落后，它已经向研发人员提供了基于云的机器学习应用程序和大型计算引擎，让研发者能够在超大规模的服务器网络上运行程序，以解决复杂的计算问题。

2011 年，Google 甚至宣布支持云机器人技术，并提供接口，允许机器人使用共享的云服务和云资源。所谓云机器人，就是把机器人所需的复杂计算集中到一个大型的数据中心，减少单个机器人自带的计算资源和存储资源，从而降低机器人的制造难度和成本。云机器人还有另一个优势，那就是可以即时升级软件。如果一个机器人通过学习适应了某种工作环境，那么它学到的知识就可以即时提供给其他机器人，使得大量机器人的智能学习变得简单。

在这几家大公司的推动下，云计算发展非常迅速。目前已经在金融、制造、教育、搜索、存储等领域发挥了难以估量的作用。

从某种意义上说，网格计算和云计算突破了单台计算机的计算瓶颈，而且完成了单台计算机无法完成的任务。由此可见，计算机科技的发展已经不完全受限于单颗 CPU 的集成度和执行速度。即使未来计算机硬件的发展速度变缓，也不会影响计算机的运算能力继续按照摩尔定律发展。

迅猛发展的计算机运算能力对经济的影响随时有可能以全新的、无法预测的方式爆发。下面我们来看一个已经发生的、常人不易察觉的例子。

次贷危机
Meltdown

我们知道，2007 年美国次贷危机的导火索是大量信用等级较低的借款人拖欠抵押贷款。银行和抵押放款公司之所以放出这些贷款，有些是由于风险计算错误，有些则是明目张胆的欺诈。在房地产泡沫的驱动下，许多贷款机构的胆子越来越大。他们认为即使借款人无法按时还款，自己也可以没收抵押的房产，并在高价位出售，从而将自己的风险降到最低。

美国次贷危机与计算机有什么关系呢？事实上，如果没有计算机的参与，那么次贷危机顶多只会影响美国经济，而不至于蔓延至其他国家，进而形成 2008 年的全球金融危机。

为什么美国的次贷危机会影响全球经济，我们必须从1973年发表的一篇学术论文说起。这篇论文提出了布莱克-斯克尔斯期权定价模型（Black-Scholes Option Pricing Model），模型中的公式首次给出了一种估算股票期权价值的方法。股票期权是指在未来某天以约定价格购买或出售股票的权利。股票期权可以在市场上进行交易，但是在很长一段时间里没有人知道如何计算它们的准确价值。布莱克-斯克尔斯期权定价模型的出现为股票期权的估价提供了依据。然而，这个模型在实际使用中仍然有不小的困难，主要是所需的计算量太大了。

进入80年代后，一大批原本学数学和物理的人开始进入华尔街工作。这些人（多数是男性）被称为宽客（量化分析专家），他们开始研究布莱克-斯克尔斯期权定价模型，把其中的公式编写成计算机程序。从这时起，布莱克-斯克尔斯期权定价模型才真正开始大规模发挥作用。尝到甜头后，这些宽客开始利用这个模型在股票、债券、证券的基础上创造各种新的金融衍生产品。

由于计算机的运算能力越来越强，这些宽客创造的金融衍生产品也越来越复杂。他们能够放大某个证券的收益或风险，或者故意做空，让证券下跌并从中获益。总之，他们能够最大限度地降低风险，同时保障收益——至少他们自认为可以做到。

次贷危机就是这些金融衍生产品催生的。“次贷”是次级抵押贷款的简称（也称为次级贷款），它指的是贷款机构向信用等级较差和收入不高的借款人提供的贷款。美国的次级贷款主要是用于买房，随着美国房地产泡沫不断膨胀，许多次级贷款被打包成了抵押证券。这种证券可以在市场上进行交易，这是行业的标准做法。这还不算，人们又在打包的抵押证券的基础上创造出更多的金融衍生产品。最著名的当属债务抵押债券（CDO），它吸纳低风险贷款，重新组合成为投资证券在市场上交易。次级贷款本来不属于低风险贷款，但当时人们普遍看好房地产的走势，因此，金融机构大胆地将次级贷款也纳入了这些新型的金融衍生证券中。随后，这些衍生证券就被标榜成低风险的投资项目卖给了世界各地的银行和金融机构。

当次级借款人开始拖欠还款时，抵押证券的价值直线下跌，这些金融衍生产品原形毕露了。普通人很难甚至根本无法计算它们的价值。此外，为了分散风险，各家金融机构的金融衍生产品之间形成了错综复杂的关系。所有这些不确定性导致价格下跌得更厉害。2008 年 3 月美国贝尔斯登投资银行宣告破产，随后全球金融危机开始爆发。

我想强调的是，如果没有计算机强大的运算能力，这些奇怪的金融衍生产品就不可能被创造出来。如果次贷危机早几十年爆发，它的影响将会小得多。

金融衍生产品并非快速发展的计算机技术冲击金融市场的唯一例子。1987 年 10 月 19 日那天，股票市场在一天之内下跌了惊人的 20 个百分点。当时无人可以解释暴跌的原因。华尔街的许多宽客认为这是计算机程序造成的，计算机自动将“投资保险组合”卖给了庄家。

近年来，华尔街为了争分夺秒获得交易优势，在交易所附近修建了庞大的计算中心。2005—2012 年，股市成交一笔交易的平均时间从 10 秒下降到了 0.0008 秒。2010 年 5 月 6 日，道琼斯工业指数暴跌近千点，之后又快速反弹，而这一切只发生在短短几分钟之内。这次“闪电崩盘”是计算机给股市造成的又一次危机。

如果计算机有能力影响监管如此严格的股市，那么我们不难想象它很有可能也会影响我们生活的其他方面，而且这种影响会被快速发展的运算能力成倍地放大。首先受到冲击的很可能就是就业市场。

本章余下的部分还将介绍几个科技进步的例子及其对就业市场和整体经济的影响。不过在这之前，让我们先将视线从机器转向人类自身，看看我们是否有可能“战胜”计算机，保住自己的工作。

人类有限的工作能力

Diminishing Returns

1811 年，英国正处于工业革命时期。那年，一个自称卢德派（Luddites）的抗议团体在诺丁汉成立。这个团体由技术熟练的纺织工组成，他们认为自己的职业受到了纺织机的威胁，因为纺织机的出现大大降低了工厂对熟练纺织工的需求。该团体的名称来自一个叫内德·卢德（Ned Lud）的人，据称卢德曾毁坏了一台先进的纺织机。卢德派的抗议逐渐发展成骚乱，他们毁坏了许多机器。英国政府最终采取了严厉的镇压措施，并于 1812 年平息了骚乱。后来，人们就把那些反对科技进步或者无法适应新科技的人称为“卢德分子”。

经济学家通常不认同以下观点：机器将取代普通人的工作，而失业率将持续上升。换句话说，大多数经济学家认可本章开头提出的假设（不是 2094 年的那个假设，而是“永远”的那个假设）。今天，对科技进步表示担忧的人都被讥讽为“新卢德分子”。经济学家甚至还发明了“卢德谬论”这个概念，来解释为什么卢德分子是杞人忧天。我们稍后将会详细讨论这个问题。

显然，今天的英国已经是一个现代化国家，绝大部分人都有工作。英国人民的生活比 1812 年要舒适千万倍。既然纺织机没有让英国人失业，那么卢德分子的担心真的是多余的吗？还是说，两百年的时间还不够长？

我们知道科技自 1812 年以来发生了翻天覆地的变化。那么人类自身呢？我们也进步了吗？从生物学的角度来看，人类的身体基本没变化。两百年的时间几乎不可能发生什么生物进化。那么，今天英国人的工作能力比两百年前的工人如何呢？

让我们想象一下 1812 年普通英国人的生活是什么样的。事实上，查尔斯·狄更斯恰好出生在那一年。狄更斯根据自己小时候的观察和经历写出了世界名著。他在小说中描绘的极度贫穷的社会和燃煤工业造成的污浊环境给我们留下了深刻的印象。

狄更斯的小说《雾都孤儿》描写了孤儿奥利弗在工业革命时代的悲惨生活。当饥肠辘辘的小奥利弗得到原本给狗吃的残羹剩饭时，狄更斯这样表达了他的感受："要是有这样一位吃得满脑肥肠的哲学家，他的血凝成了冰，心肠像铁一样硬，我希望他能看看奥利弗是怎样抓起那一盆连狗都不肯闻一闻的'美食'，希望他能亲眼看一看饥不择食的奥利弗以怎样令人不寒而栗的食欲把食物撕碎，倒进肚子。"

今天普通的英国人肯定能吃饱穿暖了，生活环境也更干净健康了。英国人的识字率据说已经高达 99%。可惜我们不清楚 1812 年英国人的识字率是多少。假设是 50%吧，考虑到当年能读能写的人大多集中在中上层社会，这个数字应该不算太苛刻。

英国在 1812 年时基本上没有公共教育，直到 1870 年政府才开始大规模发展教育事业，到 1880 年才出现义务教育。显然，今天英国工人受教育的水平远高于 1812 年。

综上所述，我们有理由相信今天英国人的生活条件和受教育水平都有巨大提升，那么他们的工作能力是否也如计算机一样出现了飞跃式的提升呢？

图 2.3 显示了普通英国人完成复杂任务的能力在过去约 200 年间的变化。

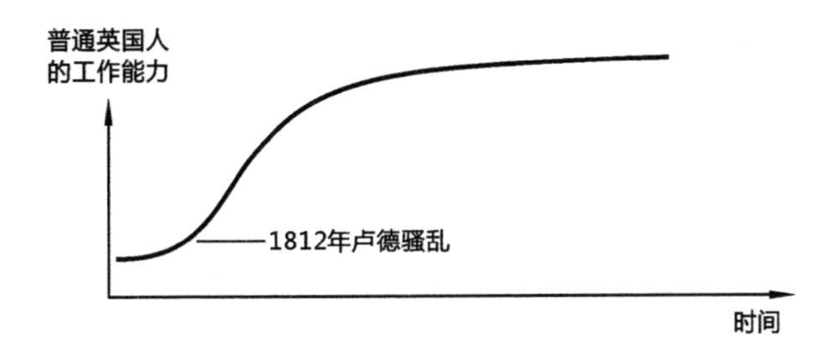

图 2.3　普通英国人完成复杂工作的能力

虽然自 1812 年以来，普通英国人的工作能力一直在稳步提升，但是进入现代社会之后增幅明显变小，似乎已经达到上限。普通人工作能力出现稳步提升主要有以下几方面的原因：

- 膳食营养和生活环境的改善，以及公共医疗体系的建立降低了疾病的威胁，提高了人们的生理机能。

- 普及中小学教育，扫除文盲，提供本科与研究生教育机会，大大提高了人们的知识水平。

- 丰富多样的生活体验、阅读成本降低、媒体多样化、广泛接触新科技、长途旅行，这些都对人们理解和处理复杂问题的能力有积极的影响。

尽管如此，近两百年来普通人工作能力的稳步提升很大程度上是因为 1812 年的起点太低，尤其是在教育方面。而我们现在似乎已经碰到了天花板，甚至出现了下滑的迹象。

在美国，媒体上充斥着各种有关中小学教育危机的报道，人们甚至不知道高中生的实际毕业率是多少。美国国家经济研究局 2008 年发布的一份报告指出："由于数据来源不一致、定义方式和统计方法各不相同等原因，美国最近几年的高中毕业率大概在 66%到 88%之间，这样一个基本数据存在如此大的变动幅度，实在让人震惊。少数族裔的高中毕业率更夸张：从 50%到 85%。"美国国家教育统计中心最近发布的一份研究报告显示，超过 14%的美国成年人可能不具备阅读能力。如果三分之一的孩子无法高中毕业，而七分之一的成年人不具备基本的阅读能力，那么我们就很难说美国普通人的工作能力仍然在大幅提升。

甚至不断改善的饮食营养和公共医疗体系也带来了某些消极的影响。在大多数西方国家，肥胖病在成年人中极其常见，更令人不安的是儿童群体也出现了类似的情况。尽管医药研究不断在发展，但是大多数技术突破针对的是退休年龄人群的健康。年轻人的平均健康水平几乎停滞不前，甚至在倒退。最近几年，在公众健康和营养领域仅有的几项积极成果之一是吸烟率的下降。

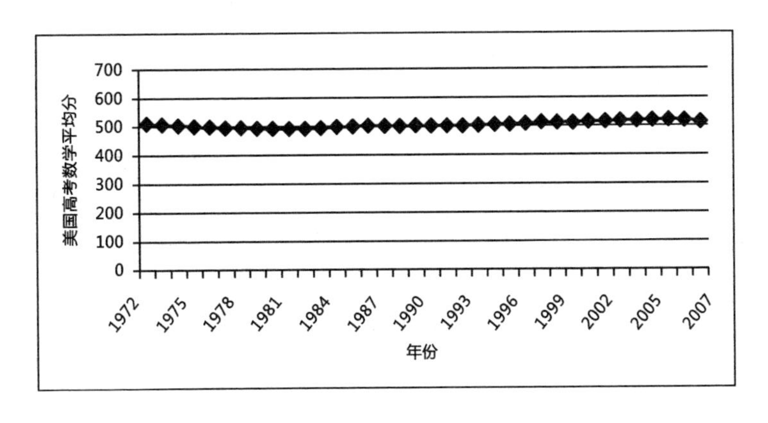

图 2.4　1972—2007 年美国高考数学平均分

据美国大学委员会统计，美国高考数学平均分在过去的三十五年里基本持平（见图 2.4）。语文平均成绩也存在类似的情况。参加高考准备进入大学的学生总体水平应该在人口平均水平之上，因此我们不难推测普通民众的语文水平的现状如何。很明显，在提高普通人的工作能力方面，我们近 200 年来取得了一定的成绩（主要是由于起点较低），但现在只能努力维持现有水平。

现在，我们已经很清楚，如果计算机技术继续以惊人的速度发展，人类将无法在与机器的较量中保住自己的工作。图 2.5 清楚地显示了两者的发展趋势。

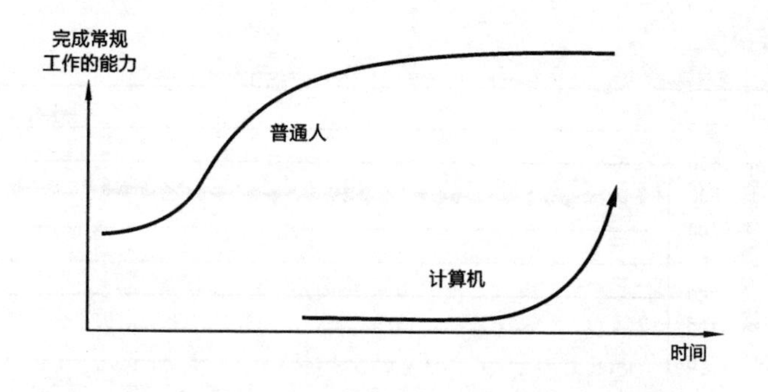

图 2.5　普通人工作能力与计算机的运算能力对比

图 2.5 中下方那条曲线（代表计算机运算能力）现在仍处在人类平均能力的下方，但它正以几何级数增长。显然，

未来这两条曲线很有可能出现交叉*。

计算机的运算能力正在以几何级数增长，而我们在教育和医疗保健方面的投入并没有收到成正比的效果。这一切似乎在强烈地向我们暗示，普通人甚至受过高等教育的人很有可能因机器自动化而失去工作。接下来，让我们再看几个科技进步造成工作消失的具体例子。

离岸外包和免下车银行服务

Offshoring and Drive-Through Banking

自动化与离岸外包有一个非常重要的共同点：它们都是科技进步的产物。显然，许多工作能转移到低收入国家都要归功于通信技术与信息科技的进步。

上世纪 70 年代，当我还是小孩的时候，银行曾经兴起一种免下车服务。当然，这是自动取款机出现以前的事。那时

---

* 如果熟悉托马斯·罗伯特·马尔萨斯的著作，你对图 2.5 应该不陌生。1798 年马尔萨斯出版了《人口论》，他认为如果人口数量以几何级数增长，那么世界粮食生产能力很快就会捉襟见肘。在马尔萨斯的图里，上方的曲线代表粮食产量，而下方的曲线代表了人口数量。他相信这两条线将会相交，导致全球出现大范围的饥荒。显然，马尔萨斯预测错了，因为他没有料到科技进步极大地提高了粮食产量。那么，这是否意味着我们的图也是错误的呢？别忘了，马尔萨斯的失误正是因为低估了科技发展的速度，这与我们的观点恰恰相反。

银行通常会在营业厅外修两到三条车道，以便同时为多位驾车客户办理业务。如果你的车走的是最靠近银行柜台的车道，你就可以直接与银行柜员沟通。

如果你的车走的是较远的车道，事情就变得非常有趣了。首先你要把钱、单据或支票放进一个塑料圆筒里，然后把圆筒放入指定的投递口。这个圆筒通过一根地下管道传送给银行柜员。我猜推动圆筒的应该是某种真空装置。柜员处理完交易后，再以同样的方式将圆筒送回给你。这个过程有点像保龄球馆把球自动送回给顾客。

虽然这个系统在当时看起来非常高级，但它也存在缺陷。我清楚地记得有一次我父母的车排在一个倒霉的人后面，他把圆筒放入投递口时没有对准，圆筒掉在地上，滚到了汽车下面。他想下车去捡回圆筒，却发现无法打开车门。这情形让 12 岁的我笑得前仰后合。

另外，我敢打赌这个系统还存在其他隐患，比如客户驾车离开时不小心把圆筒也带走了。

当然，这种免下车银行服务现在已经像恐龙一样“灭绝”了。在现代人看来，这项服务非常笨拙，可是它在当时却为客户提供了极大的便利，一度非常受欢迎，而且代表了当时的科技水平。

我想表达的观点是，离岸外包其实是自动化的前奏。离岸外包存在的原因是现有的科技水平还不足以完全实现这些工作的自动化。正如笨拙的免下车银行服务最终被自动取款机取代，离岸外包的工作未来必然会被自动化取代。这种趋势早在2004年就已经显露出来，《信息周刊》的一篇文章指出:“低成本的人力外包也许会对美国本土呼叫中心的员工造成威胁，但是在印度和菲律宾等国，同样在呼叫中心工作的人却面临着被越来越成熟的语音自动化技术所取代的危险。”

这就是我没有在隧道模型中考虑离岸外包的原因之一。我们完全可以将离岸外包的过程模拟成某些普通的光点在隧道中逐渐熄灭，同时在其他地方又出现了一些更暗的光点。因为我们的主要意图是模拟自动化的长远发展情况，所以可以忽略离岸外包的影响。随着科技的进步，许多现在转移到海外的工作将来必然会消失。

目前，媒体和政客讨论美国失业率居高不下的问题时，仍然抓着离岸外包不放，而对机器自动化只字不提。这很可能是一种目光短浅的看法。大家普遍认为发达国家的IT工作者是遭受离岸外包影响最为严重的群体之一，但是经济合作与发展组织发布的一份研究报告指出，自动化已经比离岸外包造成了更多的IT工作流失，并预计这一趋势将持续下去。简言之，离岸外包仅仅是转移你注意力的小旋涡，而自动化却是即将出现的惊涛骇浪。

短命的职业
Short Lived Jobs

持传统观点的经济学家和分析师一般认为科技进步必然会创造新的工作机会。虽然历史的确印证了这一点，但是那些新出现的工作很快又会被后来出现的工作所取代。例如，许多人应该还记得，在移动电话还没有大范围普及之前，曾经出现过一种寻呼机。如果你要给某个寻呼机用户发消息，先要打电话到寻呼台，把你的要求告诉寻呼台话务员，由话务员将消息编码发送给相应的寻呼机用户。有一段时间这种寻呼业务非常流行，以至于这个行业雇用了大量的话务员。然而，随着低成本移动电话的普及，寻呼机很快就退出了市场，寻呼台话务员也纷纷失业。许多新人接受培训后工作不到几年就被迫下岗了。

之前，我讲述了自己在密歇根大学使用计算机打孔卡片的经历。要知道这种卡片并非计算机专用的，它几乎被用于各种场合。当年许多家庭收到的物业账单就是这种打孔卡片。打孔卡片的广泛使用创造了成千上万的“新”工作机会——打孔操作员。后来，打孔操作员被坐在计算机前工作的数据录入员取代。现在，新科技（比如条形码）又取代了大部分数据录入员的工作。

我上大学时学的计算机工程在当时是新兴的专业，而今天的软件行业已经变成大范围外包的行业，而且一部分软件开发流程已经实现了自动化。因此，今天的大学新生在选择专业时，不得不慎重考虑要不要选这一诞生不过三十年的“新”专业。

科技进步一直在推动职业分布的变化，比如火车调度员大量减少，而飞机的机组人员正在增加。在高科技和计算机领域，这种变化的速度是前所未有的，而且它一直在向着消灭所有工作的方向发展。很明显，我们现在所看到的一切就是以几何级数增长的计算机技术所带来的影响。

传统职业
Traditional Jobs

过多地关注科技进步创造的新工作容易让我们忽视一个事实，即构成就业市场主体的大量传统职业很少发生变化。尽管科技进步对这些传统职业的工作方式产生了一定的影响，但这些职业的内涵并未发生本质的变化。

表 2.1 是根据 2006 年 5 月美国劳动统计局发布的数据制作而成的，其中列出了美国从业人数超过 100 万的所有职业。

表 2.1 美国从业人数超过 100 万的职业（2006）

职业	从业人数	占总从业人数比例
售货员	4,374,230	3.3%
收银员	3,479,390	2.6%
办公室职员	3,026,710	2.3%
快餐	2,461,890	1.9%
护士	2,417,150	1.8%
物流	2,372,130	1.8%
服务生	2,312,930	1.7%
客户服务	2,147,770	1.6%
保洁	2,124,860	1.6%
财务	1,856,890	1.4%
普通秘书	1,750,600	1.3%
仓库管理员、出纳	1,705,450	1.3%
卡车司机	1,673,950	1.3%
运营经理	1,663,280	1.3%
小学教师	1,509,180	1.1%
销售代表	1,488,990	1.1%
行政秘书和行政助理	1,487,310	1.1%
护理、勤务	1,376,660	1.0%
办公室经理	1,351,180	1.0%
维护、维修	1,310,580	1.0%
团队技术领头人	1,250,120	0.9%
助教	1,246,030	0.9%

职业	从业人数	占总从业人数比例
前台	1,112,350	0.8%
销售经理	1,111,740	0.8%
会计、核算	1,092,960	0.8%
中学教师	1,030,780	0.8%
建筑工人	1,016,530	0.8%
保安	1,004,130	0.8%
以上总计	50,755,770	38.3%
其他职业	81,849,210	61.7%
总就业人数	132,604,980	100.0%

从事这些传统职业的人就是隧道中大部分的普通光点，在我们的模拟实验里他们的工作最终被机器所取代。那么，科技进步创造的新工作在哪里呢？计算机程序员在哪里？至少在这张表里看不到。也就是说科技进步创造的新工作岗位少得可怜。这张表里的绝大部分职业早在 1930 年前就出现了，我只找到了一个例外：快餐。快餐是麦当劳在 1948 年发明的概念。

这张表里列出的职业类型覆盖了美国近 40%的就业者。此外，我们还可以轻松列举出数十种在过去半个世纪或更长时间里没有明显变化的职业，其中不乏专业性极强的高薪职业，如医生、牙医、注册会计师、律师、建筑师、飞行员、工程师，等等。事实上，绝大多数就业者从事的仍然是传统职业。

科技进步创造的新工作只占了很小一部分，而且（如上文提到的）它们通常都比较"短寿"。就算在高科技产业里，大部分的工作仍然是传统工作。假设你在硅谷融资成功，创办了一家科技公司，那么你需要雇用哪些员工呢？会计、人力资源管理人员、市场营销人员、财务人员、行政助理、送货发货的人，等等。这些全都是传统职业。在谷歌工作的人也不全都是从事新兴的职业。总的来说，科技公司的工作岗位设置与通用汽车公司的大致相同。我们应该关心的不是科技进步能创造多少新工作，而是它们将取代多少传统工作。稍后，我们将看到众多传统职业正岌岌可危，在不久的将来，它们将大量地被机器取代。所以，认为科技进步将创造新职业并提供数百万就业机会多少有点痴人说梦。

表 2.1 显示美国约有 240 万人从事快餐行业的工作，这不是一个小数字。那我们就来看看科技进步对快餐行业的影响吧。

位于旧金山的动力机械公司（Momentum Machines）最近开发出一款全自动制作汉堡的机器。这种机器不但可以自动切面包和烘烤面包，还能加工肉末并进行烧烤，它甚至可以根据肉质控制火候，以保留部分鲜美的肉汁，获得更佳的口感。机器还会在汉堡里夹上番茄、洋葱等配菜。当一位熟练的快餐工人刚把肉饼放上烤架时，这种机器就已经做好了一个汉堡。它每小时大约能生产360个汉堡。

动力机械公司明确表示："我们的设备不是为了提高员工的工作效率，而是为了完全取代他们。"据该公司统计，美国快餐店每年平均向每位汉堡制作工人支付约4.5万美元的工资，而美国生产汉堡的总劳动成本每年大约90亿美元。动力机械公司相信，其设备在一年内就能收回成本。

该公司相信，使用自动汉堡制作机不但可以降低人力成本，还可以节省厨房空间。公司的目标不仅局限在快餐店，还有便利店、自动售货机、食品车。

动力机械公司规划的前景非常美好，但是代价也相当大。数以百万计的人在快餐行业工作或兼职，仅麦当劳一家公司就在全球34000家餐馆雇用了大约180万工人。由于快餐行业对工人的技能要求较低，所以它一直是失业人群优先考虑的再就业渠道。而这种就业渠道正在遭受威胁。

日本的Kura寿司连锁餐厅的动作甚至更快，已经实现了制作、上菜、结账全自动化的服务。在262家Kura连锁餐厅里，机器负责做寿司，传送带负责上菜。顾客通过触摸屏下单，用餐完毕后，他们要将空盘子放到回收处。机器会自动清洗盘子，并把它们送回厨房。系统会自动生成账单，并且跟踪每碟寿司的流转时间，自动清除那些到期的食品。Kura

的连锁餐厅里甚至没有店长，而是采用集中远程监控设备，使管理人员能够控制餐厅运营的每个环节。由于采用了全自动的服务，Kura 的寿司价格仅为每碟 100 日元（约 1 美元），有着非常明显的价格优势。

如果类似这样的自动化餐厅得到广泛普及，快餐行业最终可能会裁员 50%，甚至更多。我们知道，美国的快餐市场已经饱和，也就是说，即使有新餐厅出现，也不可能创造足够的就业岗位提供给即将失业的这一大群人。

了解了快餐行业的情况，我们再来看看从业人数更多的零售行业的情况。美国约有 430 万售货员和 350 万收银员，这些人的工作前景又如何呢？

你也许已经注意到，近年来我们身边出现了越来越多的自动售货机。这些自动售货机出现在包括机场和高档酒店的许多地方。它们不仅出售饮料、小吃，还出售 iPad 这样最新的消费电子产品。自动化零售机器的制造商 AVT 公司甚至表示，他们可以为任何商品制定和设计自助售货解决方案。

2010 年，全球自动售货领域的销售总额约为 7400 亿美元，最近的一项研究预测 2015 年将超过 1.1 万亿美元。

自动售货机发展如此迅速，主要是因为它有三个明显的优势：节省店面租金；降低劳动力成本；提供 24 小时服务。

此外，自动售货机还能避免顾客或员工的盗窃。有些装有屏幕的自动售货机还可以有针对性地展示广告，引导顾客购买相关产品，几乎可以充当普通店员的作用。

除了自动售货机，越来越多的零售店开始使用自动结账通道。移动设备正变成越来越重要的自助服务工具。消费者越来越依赖手机来进行购物、支付，以及获取商品信息和帮助信息。无疑，这类设备将会变得更加可靠和易于使用，从而受到更多人的欢迎。沃尔玛正在测试一个实验项目，购物者可以自己扫描条形码，然后结账，用自己的手机支付，避免长时间的排队结账。

我还知道提供汽车租赁服务的 Silvercar 公司允许顾客在不与店员打交道的情况下预约和选车。顾客只需要扫描条形码来解锁汽车，然后驾车离开。

不难想象，一旦这类自动化服务得到普及，众多售货员和收银员就会下岗。这些工作与快餐工作一样，对从业者的技能要求比较低。美国有不少于 430 万售货员和 350 万收银员，如果这些人大部分都失业了，我们该怎么办？我们能够为他们提供什么样的职业教育和职业培训呢？他们还能从事什么职业呢？

这种大范围的失业会给大众市场带来什么样的冲击呢？虽然售货员和收银员的工资不高，但他们也在隧道模型中占有一席之地。他们也要开车、买食品、买衣服、消费电子产品、购买圣诞节礼物，甚至在星巴克喝咖啡。从人们对大众消费品（如手机、卫生纸）的需求来看，一位收银员的需求并不比一位企业 CEO 低多少。

如果大部分传统职业最终被机器自动化取代，那么我们的经济会受到什么样的影响？

表 2.1 中的很多职业正在被自动化和离岸外包取代，剩下的职业在不久的将来也将逐渐被取代。此外，表中没有列出的许多专业性极强的高薪职业也面临着同样的风险。放任这种势态发展下去，将会造成数以百万计的普通人失业，再不采取措施，必将导致一场巨大的灾难。

两种职业的对比

A Tale of Two Jobs

人们普遍认为自动化只会影响那些对技能要求不高或无需职业培训的低收入职业。为了说明事实并非如此，让我们来看看两种截然不同的职业：放射科医师和家庭主妇。

放射科医师的主要工作内容是解释各种医疗扫描设备拍摄的照片。在计算机技术出现以前，放射科医师只解释 X 射线拍摄的照片，现在他们的工作范围扩大了，除了 X 射线的照片，还有 CT 扫描照片、PET 扫描照片等。想要成为一名合格的放射科医师，你首先要读四年大学，接着再到医学院学习四年，然后再到医院临床实习五年，最后还要参加专业培训。放射科医师曾经是医学院学生最喜欢的专业之一，因为收入高，而且工作时间比较固定。一般来说，放射科医师周末不需要加班，也不必半夜从床上爬起来接待急诊。

要成为一名放射科医师，高中毕业后至少还要再学习十三年。尽管如此，我们却不难想象这个职业很容易被自动化取代。放射科医师的主要工作是分析和评估图像，而这些图像都是在计算机的控制下拍摄的，每张图像的形状和参数都处在一定的范围内。

近年来，图像处理与识别技术发展得非常迅速，已经取得了较大技术突破，稍后我还会介绍这方面的进展情况。现在图像分析软件可以识别 Facebook 上发布的照片，甚至对机场安保照片进行分析，协助专家识别恐怖分子。这类分析存在更多的干扰因素，它们在技术实现上比分析医疗扫描图像困难许多。不难预测，图像处理与识别软件很快就会占领放射科医师的工作岗位。

目前，放射科医师的工作已经出现了大规模的离岸外包，比如外包给印度等国家。将扫描后的电子图像发送到海外进行分析是一件非常简单的事情，而且印度放射科医师的工资只有美国放射科医师的十分之一。前面分析过，某种工作的自动化总是紧跟在其离岸外包之后出现。像放射科医师这样只做技术分析，无须与人打交道的职业更是如此。目前，由于诊断扫描设备的使用率越来越高，美国对放射科医师的需求仍在增长。不过，随着离岸外包和自动化的发展，未来其增长速度很可能放缓。即将毕业的医学院学生如果为了高收入和避开与病人打交道而选择放射科这一行的话，他们将来很可能为自己的决定后悔。

现在，让我们看一看另一种截然不同的职业：家庭主妇。家庭主妇不需要接受任何正规教育，不过你也许猜到了，比起放射科医师的工作，家庭主妇的活儿更难实现自动化。要完成家庭主妇的日常工作，我们必须制造出非常先进的机器人（或者制造出许多种机器人分别完成不同的任务）。

如果你问一位家庭主妇家里最累的活儿是什么，她多半会回答是清洗浴室和窗户玻璃。可是对机器人来说，真正困难的任务很可能是那些对人类而言轻而易举的事。

假设现在要整理一个杂乱的房间。对人来说，这件事毫不费力。人类能够轻易识别放错位置的物品，并将它们逐一归位。可是，要制造一台机器来完成同样的任务，也许是机器人设计领域最困难的挑战。

这台机器必须能够识别普通家庭常用的成百上千的物

品，并且知道如何归置它们。此外，它还要考虑如何收纳主人不断添置的新物品。

设计一款能够识别处在复杂环境下物品的软件是一件格外困难的事情，更不要说还要控制机械手臂正确地操控这些物品。此外，物品放置的方向和形态进一步增加了问题的复杂性。举一个简单的例子，一副太阳镜放在桌子上，它有可能是折叠后镜片朝上放着（或朝下放着），有可能是展开后镜片垂直于桌面放着（镜片可能朝向任意方向），还有可能是一条镜腿打开、一条镜腿折叠放着。另外，太阳镜还可能与其他物品有接触或缠在一起。设计并制造一款机器，让它能够识别处在任何状态下的太阳镜，拿起它，折叠后再放回盒子里，简直是难以想象的事情。由此看来，家庭主妇目前仍然是一种非常安全的职业。

为什么图像识别软件可以代替放射科医师的工作，却不能帮助家庭主妇归置太阳镜呢？这是因为医学扫描对象都是已知的器官，而且拍摄距离和拍摄角度都是固定的，图像上一般不会出现未知物，因此干扰因素很少。事实上，医学图像分析的任务就是确定图像中是否存在异物，例如肿瘤。此外，用机器代替放射科医师工作的经济效益更高，而设计制造只能整理房间的机器人似乎没什么意义。

当然，这并不是说机器人永远无法代替家庭主妇干活。

随着计算机科学和机器人技术的发展，总有一天家庭主妇会得到解放。

我们知道家用的吸尘机器人早已出现。随着机器人研究的深入，前面提到的难题很可能都会找到解决办法。目前已经出现了一些能够完成简单搬运工作的机器人。硅谷的工业知觉公司（Industrial Perception）已经研发出将视觉感知、空间计算和灵活性结合起来的机器人。换句话说，他们研制的机器人具有了初步的三维视觉。具有这种能力的机器人可以将一堆大小不一的、随意堆放的货箱搬运到另一处。它会识别箱子的大小及堆放关系，计算搬运顺序（先搬哪个箱子，后搬哪个箱子），避免其余箱子坍塌。

相比之下，放射科医师在不久的将来面临失业的风险更高*。在我看来，这主要是因为它是一种“软件”职业。

---

* 还有一种现实因素阻碍机器取代放射科医师的工作——医疗事故责任。如果机器分析医疗图像发生错误，将会给病人带来可怕的后果，同时机器的制造商将承担巨大的责任。当然，这并不是说放射科医师在分析图像时就不会犯错和出现疏忽，而是说这种机器一旦大范围使用，制造商承担的总体风险将远高于某一位医师承担的风险。尽管如此，将来有可能通过立法或法院判决在很大程度上解除制造商的后顾之忧。举个例子，2008 年 2 月美国最高法院最终以 8 比 1 裁定：在特定情况下，医疗设备制造商只要获得了美国食品药物监督管理局的批准，就可以免于承担相应的产品责任。

“软件”职业与人工智能

“Software” Jobs and Artificial Intelligence

我所说的“软件”职业并非特指与软件开发有关的职业，而是指这类职业很容易用软件实现自动化。这类工作不需要机器手臂或机械部件的参与就能完成。换句话说，从事这类职业的人最终会被他桌上的计算机或类似的设备所取代。他们还有另一个更常见的称呼——知识工作者。

以往人们通常认为知识工作者拥有较好的职业前景，然而近年来出现的知识工作大范围离岸外包让许多人产生了疑虑。离岸外包几乎影响到了各个行业的知识工作者，比如放射科医师、会计、税务申报人员、平面设计师，以及大量的IT从业者。而且这种趋势还将持续下去，正如我前面指出的，离岸外包出现时，自动化也就不远了。

“软件”职业的自动化与人工智能关系密切。许多人提到人工智能就会联想到科幻电影中的角色，例如电影《星球大战》中的机器人C3PO和R2D2，还有电影《2001太空漫游》中的HAL2000计算机。这些科幻电影让人们误认为机器要代替人类工作就必须像我们一样具有丰富的人性。

事实并非如此。我常听到有人说：“工作是为了更好地生活，我的生活不仅仅是工作！”工作之余，你会读书、欣赏音乐、培养兴趣爱好。你珍视与家人和朋友的关系，你还会对政治和环境发表意见。所有这一切构成了独特的你。可是，这其中有多少是你完成工作的必要条件呢？事实上，机器代替我们工作要克服的障碍比我们想象的要小得多。

让我以计算机下象棋为例来说明人工智能是如何工作的。1989 年，国际象棋冠军加里·卡斯帕罗夫与一台叫“深思”的特殊计算机对弈。“深思”由卡耐基梅隆大学和 IBM 公司联手设计。结果，卡斯帕罗夫以 2 比 0 的比分轻松战胜了“深思”。

1996 年，卡斯帕罗夫又与 IBM 研发的新计算机“深蓝”对阵。这一次，卡斯帕罗夫仍然取得了胜利。1997 年，IBM 带着改进版的“深蓝”重返赛场，再次向卡斯帕罗夫发起挑战。改进版的“深蓝”最终在六局比赛中以二胜一负三平的成绩战胜了卡斯帕罗夫。机器首次战胜了人类顶级的国际象棋大师。

此后，计算机一路高歌猛进。2006 年，德国软件“深弗里茨（Deep Fritz）”又战胜了新一代世界象棋冠军弗拉基米尔·克拉姆尼克（Vladimir Kramnik）。IBM 的“深蓝”是一台专用计算机，体积有一台冰箱大小，而“深弗里茨”只是一款软件，运行在配有普通英特尔处理器的计算机上。很快，像“深弗里茨”这样的软件就可以在廉价的笔记本电脑上运行，并轻松战胜顶级国际象棋选手[†]。

人们普遍认为世界象棋冠军应该具备一定的创造力，至少是在规则允许的范围内发挥创造力。然而，即使机器战胜了人类象棋选手，我们也不愿意承认它们具有创造力。这种态度在机器所取得的战绩面前略显尴尬。我们之所以认为人有创造力，大概是因为大脑的运行机制仍然是一个谜，我们还未参透其奥秘。

有谁知道人类下棋时大脑是怎样运转的吗？没有人知道。这件事对于我们来说仍然很神秘，因此象棋冠军在我们眼里就显得尤其具有创造力。而计算机却毫无神秘感可言，我们很清楚它下棋的方式。计算机只是简单地把数百万种可能的走法都计算了一遍，然后挑选出最佳的一步棋。它使用的是蛮力算法。计算机的优势不是聪明，而是它的运算速度快得难以想象。人们当然会认为这种笨办法无法与大脑非凡的创造力相媲美。可是现在的问题是：面对计算机的蛮力算法，我们还能保住自己的工作吗？

如果说下象棋是在规则允许的范围内发挥创造力，那么

[†] 译者注：就在本书中文版即将出版前，谷歌旗下的 DeepMind 公司开发的围棋程序 AlphaGo 先是在 2015 年 10 月以 5:0 的总比分战胜了欧洲围棋冠军、职业二段选手樊麾，随后又在 2016 年 3 月以 4:1 的总比分战胜了世界围棋冠军、职业九段选手李世石。

律师的工作也具同样的特点。美国有数万名律师，其中许多人也许从未上过法庭，他们的主要工作是研读法律条文和合同条款。这些人在法律事务所上班，他们的大多数时间是去图书馆查资料，或者在数据库中搜索法律卷宗，或者审核合同寻找漏洞。他们研究判例法，收集相关案例，并提出可行的诉讼策略和法律依据。

你可能已经猜到，这类律师工作已经开始外包了。的确是这样，印度现在已经出现不少律师团队，他们不研究印度的法律，只研究美国的判例法。

那么计算机能完成这类律师的工作吗？人工智能的一个主要研究领域是发明“智能”算法，用于快速检索信息、评估信息和概括信息。每当我们使用 Google 等互联网搜索引擎时，就是在享受该领域的研究成果。不难想象这些算法将逐渐在律师事务中得到应用，一开始也许只是辅助律师提高工作效率的软件，然后逐渐发展成自动化的解决方案。

显然，律师的某些工作任务很容易实现自动化，比如搜索相关案例和提炼关键信息的工作就很可能最先受到威胁。即使只有一部分工作任务实现自动化也将导致某些律师失业。那么，律师能保住那些要求更高创造力的工作任务吗？计算机能够制定诉讼策略吗？就目前的情况来看，这件事还不太容易，但最终计算机也许能凭借蛮力算法胜任这项工作。

如果计算机能够评估几百万种象棋走法，那它为什么不能检索自古罗马政治家西塞罗在罗马广场发表演说以来的所有法律文献和案例呢？这也许是一种笨拙的办法，可是律师事务所的老板会介意这一点吗？

除了律师，记者的工作也正遭到威胁。2009 年 10 月 11 日，在美国职业棒球大联盟的一场季后赛中，洛杉矶天使队战胜了波士顿红袜队，从而获得了与纽约扬基队争夺联赛冠军的机会。赛后，一篇报道文章这样写道：

天使队第九局一度落后 2 分，形势十分不妙，但弗拉基米尔·格雷罗关键的一记安打为洛杉矶带来了希望，他们最终在周日以 7:6 战胜了红袜队。

格雷罗为天使队贡献了 2 分，他 4 次击球，打出了 3 个安打。

赛后，格雷罗接受采访时说："我想用这最漂亮的一击纪念我的前队友，尼克·亚登哈特，那个刚刚去世的家伙。"

格雷罗在整个赛季的本垒表现都很出色，尤其是今天的比赛……

这篇专业的报道并非出自某位记者的手笔，它的作者是一款叫 StatsMonkey 的计算机软件。软件的开发者是西北大学智能信息实验室的学生和研究人员。StatsMonkey 能够对比赛的客观数据进行加工，自动编写出一篇体育报道文章。它不是简单地罗列事实，而是像体育记者那样加入各种报道要素。

2010 年，StatsMonkey 的开发团队筹集到了风险投资，成立了自动写作技术公司。公司重写了 StatsMonkey 的代码，并采用了全新的人工智能引擎，取名为鹅毛笔（Quill）。

该公司的自动写作技术已经被《福布斯》等顶级新闻媒体所使用。鹅毛笔大约每 30 秒就能自动生成一篇新闻故事，它生成的文章涵盖了体育、商业、政治在内的多个领域。

自动写作技术公司的野心还远不止于此。鹅毛笔的设计目标是成为一款通用的分析和写作引擎，能够为各行各业创作高质量报告。它可以通过各种渠道（如交易数据库、财务和销售报告系统、网站、社交媒体等）搜集数据，展开分析，梳理出重要的信息和有趣的观点。最后将所有信息汇总成一篇逻辑连贯、可读性强的文章。

中央情报局的风险投资商 In-Q-Tel 是自动写作技术公司最早的投资人之一。未来，鹅毛笔很可能会用来将美国情报机构搜集的原始数据自动转换成容易理解的语言。

鹅毛笔的出现进一步威胁着知识分子的工作。据报道，美国有 1/4 的大学毕业生写作能力较差，有的甚至阅读能力也很糟糕。这些人很可能成为最先被机器抢走饭碗的白领。

到目前为止，虽然人工智能大量采用了蛮力算法，但这并非该领域采用的唯一方法。例如人们正在根据人脑的构造设计人工神经网络模型。

人工神经网络模型的基本原理是模拟人类大脑的运作方式。我们知道人脑中有多达 1000 亿个神经元细胞，而这些细胞之间有着数万亿的神经连接。单个神经元的工作方式有点像小孩子玩的弹出式玩具，孩子按下某按钮，其中一个小人就会弹出来。同样，神经元受到刺激时，也会做出某种反应。不同的是，神经元是集体工作的，它接受输入信息的方式比按按钮复杂得多。

科学家建立的人工神经网络模型是这样的，想象一个由很多弹出式玩具组成的方阵，当我们以某种组合方式按下第一排的玩具时，第一排玩具就会弹出一些小人，这些小人接着去按第二排的玩具，以此类推，直到最后一排小人弹出来。这样，不同按法会在最后一排得到不同的小人组合。这个模型也称多层神经元。

建立模型后，神经网络还无法工作，它就像初生的婴儿，虽然有完整的大脑，但还需要学习和训练才能做简单的事情。要训练神经网络，我们需要将已知的数据输入第一行神经元，并希望在最后一行神经元得到期待的输出结果。这就像你教小孩子喊妈妈，你喊妈妈，希望他也跟着你喊。当然，刚开始得到的输出结果多半是错误的，但我们的系统有一个简单的比较和反馈机制，输出结果会与已知的正确答案相比较，然后每一行神经元逐一调整，这实际上就调整了神经元的工作方式。如此反复，在经过上万次的训练后，系统给出正确答案的概率就越来越高了。当答案无法再改进时，说明人工神经网络已经得到了有效的训练。这就好比小孩子刚开始总是发音不准，要经过多次练习和尝试才能清楚地喊出妈妈。

人工神经网络的设想最早出现于 20 世纪 40 年代末，长期以来一直处于研究阶段。然而，在过去的几年里，由于上面提到的多层神经元技术突破，这个领域有了长足的进步。多层神经元也称为“深度学习”技术†。苹果的 Siri 语音识别系统就用到了这项技术。

2011 年，瑞士卢加诺大学的科学家设计了一个深度学习神经网络，能够准确识别各种交通标志，成功率达到 99% 以上，甚至超过了同场较量的专业人士。

Facebook 的研究人员也开发了一个 9 层人工神经网络，它能在照明条件和拍摄角度出现变化的条件下，判断出两张

† 译者注：战胜世界围棋冠军李世石的 AlphaGo 也使用了该项技术。

照片是否是同一个人，准确率达到 97.25%。当然，人类观察员的准确率还是稍高一些，为 97.53%，但差距已经非常小了。

这种人工神经网络实际上就是计算机程序。正如我之前提到的，现在用计算机识别医疗扫描图像已经不存在难以逾越的技术障碍。除了用来识别图像，人工神经网络还能模拟发声、翻译文字。未来，如果神经网络工程师与研究人类大脑的科学家进一步密切合作，这一领域还有可能取得更重大的技术突破。

近年来，除了迅速发展的人工神经网络，人工智能领域还取得了另一个令人兴奋的突破，那就是遗传算法的出现和应用。

以往，人们认为计算机程序只能按照编程者的设计做现成的事情。然而，2009 年，康奈尔大学创意机器人实验室主任胡迪·利普森（Hod Lipson）和博士生迈克尔·施密特（Michael Schmidt）开发了一个可以独立发现自然运动规律的系统。

利普森和施密特先做了一个连环摆。普通的单摆只有一根摆杆，他们在普通单摆摆杆的末端再连上一根摆杆，这样就做成了连环摆。这个连环摆看起来就像一个怪异的钟，它的时针末端连着分针。把第二根摆杆拨到一定高度再放开，连环摆就会在重力的作用下开始自由摆动。与普通单摆有规律的摆动不同，连环摆的运动看上去非常随意，仅凭人眼观察很难发现它背后的运动规律。

接着利普森和施密特编写了一段程序，在不给任何提示，也没有人工干预的情况下，它找出了连环摆的运动规律。

这个系统的工作过程大概是这样的，计算机程序反复释放摆杆，摄像机则拍摄连环摆的运动图像，生成数据后交给计算机程序进行分析。整个实验过程完全由计算机程序控制，没有人工干预。程序会分析运动数据，揣摩连环摆运动的数学公式，然后决定下次如何放置摆杆。计算机程序挑选的摆杆起始位置并不是随机产生的，而是选择有利于揭示连环摆运动规律的位置。利普森说这套系统不是被动执行算法，它会进行自我完善。

利普森和施密特给他们的计算机程序取名 Eureqa。它只用几个小时就找出了连环摆运动的数学公式。Eureqa 还成功地找出了一对协振子的运动规律。

Eureqa 使用的就是遗传算法，其灵感来自生物进化过程。该程序将各种数学函数（如算术运算符、三角函数、对数函数）随机结合起来生成运动公式，然后检验公式与实验数据的吻合程度。未通过检验的公式被抛弃，而通过的则被保留，并以新的方式重组，最终系统得到的就是一个精确的数学模型。这其实就是在模仿优胜劣汰的自然选择机制。

利普森说："以前，观察并推导出自然运动模型可能消耗一位科学家毕生的精力。如果牛顿和开普勒能用上这套系统，找出苹果落地和行星运动的规律也许只要几个小时。"

施密特和利普森随后发表了一篇描述其算法的论文。许多科学家读到论文后请求使用他们的程序。在 2009 年年底，两人将 Eureqa 放到了网上。此后，Eureqa 在科研领域取得了一系列成果，比如简化了科学家仍在研究的细菌生化公式。2011 年，施密特在波士顿成立了 Nutonian 公司，将 Eureqa 作为大数据分析工具进行推广。现在，Eureqa 被放到了云端，以应用程序开发模块的形式提供给世界各地的软件开发者使用。

遗传编程的主要思路是让计算机算法通过达尔文的自然选择过程对自我进行设计。计算机代码最初随机生成，然后模拟繁殖过程。每隔一段时间，一个随机的突变就会加入其中，从而从新的方向上推动进化。在这个过程中，代码会不断接受适应性测试，结果是要么存活，要么淘汰。存活的代码会继续参与繁殖过程，直到代码无法进一步优化为止。

斯坦福大学教授约翰·科扎（John Koza）是遗传算法领域的专家，他做了大量的研究工作。科扎教授称他掌握了至少 76 个例子，证明遗传算法的设计能力可以与各个领域（包括电路设计、机械系统、光学、木土工程等）的人类工程师和科学家媲美。科扎教授认为，遗传算法比人类设计师多一项重要的优势，即它们不受已有概念的约束，换句话说，它可以用创造性的方式解决问题。

有关人工智能的发展情况，我先介绍到这里。让我们回到“软件”职业这个话题上来。提到工程师、律师、放射科医师时，你可能马上就会想到这些人的薪酬都很高。确实，放射科医师在美国的平均年薪超过30万美元。事实上，我所说的“软件”工作（知识工作）的薪酬都很高，所以企业有非常强的愿望将这些工作外包出去，甚至实现自动化（如果可能的话）。另外，成为律师或放射科医师至少需要大学本科或研究生学位，而机器上岗之前无需接受任何技能培训。相比之下，将积累的知识编成算法或输入数据库并不是一件多么困难的事。

知识工作者受到的威胁是双重的，一方面他们的工作不需要机械装置的参与，这无疑降低了自动化的难度。另一方面，知识工作自动化的经济效益非常可观。因此，我们不难推测知识工作（尤其是高收入的知识工作）未来将受到自动化的严重冲击。即使科技还没有发展到实现自动化的程度，离岸外包也将对知识工作者构成威胁。

因此，第一章的隧道模拟实验也许过于保守了。在第一章的模拟实验中，我们认为自动化首先会影响隧道中的大部分普通光点。现在看来，较亮的光点（知识工作者）很有可能也会成为第一批受到冲击的对象。

对那些为大众生产商品和提供服务的企业而言，这意味着什么呢？这意味着，自动化不但会让它们失去不计其数的潜在客户，而且会首先冲击它们的优质客户。

“硬件”职业和机器人技术
"Hardware" Jobs and Robotics

我所说的“硬件”职业指的是那些必须借助器械装置和机械设备才能实现自动化的职业。这类工作的自动化进程早在计算机出现以前就已开始了。工厂流水线上的组装机器、农业机械、重型推土设备曾经让数百万工人失业。1811 年的卢德骚乱就是因为自动织布机的出现而爆发的。历史已经证明，重复性的生产动作最容易实现机械自动化。而计算机技术的加入无疑会进一步加快机械自动化的步伐。

“硬件”职业是否容易实现自动化，取决于它对技能水平和灵巧度的要求。举个例子，汽车修理工就很难实现自动化。首先，这项工作对手眼协调性有着非常高的要求。其次，工人要修理不同种类的发动机，每种发动机包括成千上万的零件，而且零件的损坏情况千差万别。因此，就像前面提到的家庭主妇的活儿一样，这项工作要实现自动化将面临许多图像识别问题和自动控制问题。此外，汽车修理工要具备非常强的判断问题和解决问题的能力，这一点是家庭主妇无法比拟的。这种分析判断能力是单凭软件无法实现的，因为它几乎调动了人类的所有感官，比如，有经验的汽车修理工可以根据声音和气味来排除故障。

就目前的情况来看，汽车修理工是个相当安全的职业。但是，就像家庭主妇一样，汽车修理工也不可能一直高枕无忧。不断进步的技术最终很可能会解决上述难题。除此之外，汽车本身也在发生变化。许多汽车制造商开始在发动机里嵌入传感器和微处理器，当发生故障时，传感器和微处理器会生成相应的故障码，从而实现计算机自动诊断。如果这种趋势继续发展下去，将来的某一天，汽车也许会完全交给机器人进行维修。

大多数“硬件”职业对技能和灵巧度的要求处在汽车修理工和流水线装配工之间，这些职业都将面临被机器人取代的威胁。以超市和连锁店的货架管理员为例，他们的灵活性比流水线装配工要高，但比起汽车修理工就差远了。

超市的布局设计通常都是标准化的，而且过道宽敞、地板平坦，这简直是机器人最理想的工作场所。而且每种商品都有相对固定的上架位置，只要在货架上放置相应的标记，机器人就很容易定位。机器人还可以借助二维码来分辨各种商品，这就绕开了复杂的图像识别问题。设计能够从仓库取货并把商品放上货架的机器人已经完全有可能实现。类似的机器人也可以给卡车装卸货，从而实现物流的自动化。事实上，亚马逊早在几年前就已经开始了这方面的尝试。

2012 年，亚马逊收购了一家生产仓库机器人的企业，基瓦系统（Kiva System）公司。该公司生产的机器人可以在库房里四处移动，搬运货物。它通过扫描地面的条形码来实现自主导航，还可以代替工人分拣货物，然后送往订单打包处。收购基瓦系统公司一年后，亚马逊有 1400 台基瓦机器人投入工作。据华尔街分析师估计，机器人将使亚马逊的订单履行成本下降 40%。

相比之下，卡车司机受到的威胁更严重。Google 已经研制出了自动驾驶汽车。美国军方也一直在从事军用无人驾驶车辆的研制。很快，推广自动驾驶卡车就不会存在技术障碍了，唯一的问题是人们还没有做好心理上的准备。

虽然汽车自动驾驶技术已经出现，但是大多数人恐怕不希望与 50 吨的无人驾驶卡车共用一条公路。另外，美国卡车司机工会很可能会反对自动化。尽管如此，这些因素不可能永远庇护卡车司机。

如果超市和连锁店全都实现了自动化，将会给就业市场蒙上一层厚重的阴影。再看看表 2.1，美国至少有 170 万的仓储管理员与出纳，以及 230 万从事物流与货运的工人。这些人该到哪里去寻找新工作呢？

高效的新职业
The New Jobs

机器自动化的确会创造一些新的工作机会，比如机器保养、维修等。但这些新增工作岗位的数量非常有限。我们先来看看前面提到的自动售货机的情况。

大卫·邓宁（David Dunning）是 Redbox 电影出租公司在芝加哥的区域业务主管，他负责管理该地区 189 个电影出租亭的上下货和维护保养。Redbox 公司在美国和加拿大拥有超过 42000 个电影出租亭，通常设在便利店和超市附近，每天出租约 200 万部影片。管理整个芝加哥地区业务的邓宁手下只有 7 名员工，因为给出租亭上下货是高度自动化的。工作中最费力的任务是为每台机器更换半透明的电影广告，而整个更换过程用时通常不超过两分钟。

邓宁和手下员工的大部分时间是在电影库房、汽车和家中度过的。他们可以在家中通过互联网访问和管理机器，出租亭最初就设计了远程维护。如果某台机器卡住了，它会立即发出警报，维护人员可以远程登录，不用到现场就能对设备进行调整和解决问题。新电影通常在星期二发行，但工作人员可以选择在此前的任何时候进行补货，这样就能避开交通拥堵。

邓宁的工作很吸引人，但是 Redbox 公司提供的工作岗位非常少，远远少于传统的零售连锁企业。现在已经破产的百视达（美国老牌影音租赁连锁店）曾经在芝加哥地区拥有几十家专卖店，每家店都雇用了自己的营业员。在经营的鼎盛时期，百视达一共拥有 9000 家店面和 6 万名员工。算起来每家店就要雇用 7 名员工，而邓宁的团队一共才 7 个人。

有人会问，难道科技创新就不会创造新的行业和就业机会吗？科技创新的确会创造新行业和就业机会。但这类新工作岗位通常少得可怜。让我们看看近年来才出现的云计算数据中心的情况。

我们知道云计算数据中心往往建立在相对偏远的地区，那里的土地和电力充足且价格便宜。地方政府都希望云计算数据中心能在当地安家，因此给了 Google、Facebook、苹果公司慷慨的税收减免，以及其他财政激励。政府的主要目的当然是为当地创造就业机会，但是这些愿望却落空了。2011 年《华盛顿邮报》报道，苹果公司在北卡罗来纳的梅登镇耗资 10 亿美元建立了一个巨大的数据中心，但却只创造了 50 个全职工作岗位。当地居民倍感失望，他们无法理解“占地几百英亩的昂贵设备只创造这么少的工作机会”。

各大媒体有关机器人的报道文章无一例外地提到：机器人将用于执行危险的任务，完成人类不愿意从事的工作。这当然没错，但是它似乎在暗示：机器人不会被用于人类希望从事的工作。而这种暗示是不成立的。只要使用机器人的成本足够低，企业有利可图，机器人和自动化技术必然会代替人类工作。

“接口”职业
"Interface" Jobs

还有一种职业我称之为“接口”职业。这类职业充当着各种传统的信息格式与计算机之间的“接口”。举例来说，帮助你申请住房抵押贷款的中介人从事的就是这类职业。中介人会让你填写纸质的申请表，然后协助你准备相关文件（或复印件），比如工资条、纳税证明、银行对账单、保险单等。这些文件大多数是纸质的。

随后贷款中介人会请专业的房产评估机构对你的资产进行评估，并给出评估报告。评估报告和所有文件会提交给银行，由银行进行审核。最后，你的薪酬水平、信用等级、净资产值、还贷能力等信息都会被输入计算机里，并由计算机决定批准还是拒绝你的贷款申请。

贷款中介人在这个过程中做的工作大多是体力劳动：收

集文件、复印文件、整理文件、传真文件。而最重要的脑力劳动（批准或拒绝贷款申请）是由计算机完成的。今天，成千上万的公司文员仍然从事着这种处理纸质文件的工作。

当然，这种状态不会一直持续下去。无纸化的、可以在线查看的财务报表现在已经出现了。而标准化的数据格式使得计算机之间的数据交换变得越来越简单。XML 就是一种非常流行的文件格式，它已经被广泛应用于企业之间的数据传输。借助 XML 文件，生产商的计算机可以直接与供应商的计算机沟通。

只要你稍稍留心身边的变化，就不难发现无纸化作业与无缝通信的不断发展正在淘汰各种类型的“接口”职业。我认为“接口”职业比“软件”职业和“硬件”职业更脆弱，从事这类职业的人将最早成为自动化的牺牲品。

大学教育的未来
The Future of College Education

大学文凭通常被看成是美好前途的通行证。2006 年美国高中学历的就业者平均年收入只有 31071 美元，本科学历的就业者平均年收入为 56788 美元，而研究生学历的就业者平均年收入更高，达到了 82320 美元。2012 年的一项统计表明，大学毕业生每小时平均工资比高中毕业生高出 80%以上。

虽然大多数人接受高等教育的主要动机是为了获得更高的收入，但教育带给个人和整个社会的绝不仅限于此。受教育程度越高的人生活体验就越丰富，兴趣更广泛，人格也更健全。教育水平高的社会通常会更文明，犯罪率也更低。受过教育的人更喜欢在图书馆里汲取知识，而不是在街头巷尾闲逛。

不幸的是，离岸外包和自动化正在威胁大学梦。大部分大学生毕业后会从事“软件”职业，成为知识工作者，而我们知道这类职业（尤其是那些常规性、基础性的工作）正面临离岸外包和自动化的双重威胁。据统计，2000—2010 年间美国应届大学毕业生的工作收入下降了 15%，而且有一半的应届毕业生找不到对口的工作。

如果这些职业逐渐消失，大学文凭的光环也会迅速褪色。高昂学费和惨淡的就业前景将严重影响大学的招生。家境贫寒的学生将不得不放弃上大学的机会。整个社会都将因此受到影响。

显然，我的这种观点与传统观点不一样。大多数经济学家持有截然相反的看法，他们认为大学文凭会变得越来越有价值，而市场对受过良好教育的就业者的需求会更加旺盛。

传统的观点虽然也承认技术进步会逐步消灭对技能要求较低的工作，但它同时认为对技能要求更高的新工作会不断涌现。过去几十年的情况的确如此，但我认为这种状况不可能一直持续下去。原因很简单，计算机的运算能力和机器人的工作能力正在大幅提升，而受过高等教育就业者的工作能力一直在原地踏步。

随着各行各业的就业机会的减少，受过高等教育的就业者与普通就业者的收入差距会明显缩小。另外，由于某些蓝领工作（比如汽车修理工作）更安全，很可能会出现许多人放弃知识工作转投蓝领职业的现象。

高中毕业生将放弃进入大学深造的机会，转而学习各种暂时不会被自动化取代的技能型工种，比如汽车修理工、电工、管道工等。这类工作的竞争将变得异常激烈。原本应该上大学的高中毕业生会淘汰教育程度更低的工人，尽管这些工人更适合这类工作。因此大量的普通工人将更难找到工作。

我们从每天的新闻报道里已经看到了这种趋势。报纸不止一次报道许多工人在竞争那些无法外包的工作，比如新出现的“绿领工作”（绿色环保领域的工作，安装太阳能板、风力发电机等）。这些工作都不需要大学学历。

如果人们不再重视高等教育，社会将为此付出高昂的代价。教育可以给人带来希望和梦想，而这些美好的东西将逐渐消失。那些被高学历竞争者淘汰的工人将从此一蹶不振，甚至有可能走上犯罪的道路或者做出反社会的行为。这种严酷的现实对弱势群体的影响尤为严重。最令人寒心的是，未来当我们需要人才时却发现已无处可寻。

计量经济学

Econometrics: Looking Backward

经济学家似乎对我所讨论的各种趋势漠不关心，他们相信市场经济会不断创造新的工作机会。我认为经济学家忽视眼前危机的主要原因是他们过于相信自己的经济数据。

最近几十年，计量经济学逐渐成为主流的经济学理论。计量经济学是经济学和统计学的交叉学科，它的基本研究工具是线性回归模型，也就是通过分析已有数据来判断未来经济的走向。计量经济学家的主要工作是利用最新的统计学工具构建复杂的计算机模型，然后对历史数据进行分析。事实上，计量经济学本身也是计算机运算能力大幅提升后的产物。没有计算机，也就不会有那么多的计量经济学家。

了解计量经济学家的统计学工作性质后，你就会明白与其说他们是经济学家，不如说他们是历史学家。统计学适合预测相对稳定的渐变对象，例如棒球联赛结果和人口变化趋势等。但是，它不适合用来预测数量呈几何级数增长的对象。图 2.6 可以说明这一点。

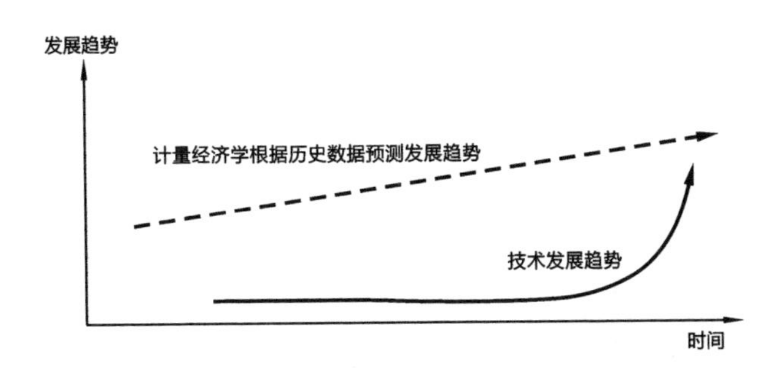

图 2.6　计量经济学的预测方法

在计量经济学家眼里，经济发展可以大致看成一条直线。他们通过分析过去两年的、五年的甚至十年的数据来判断未来经济的发展趋势。统计学有一条基本原则：历史数据越多，预测结果越可靠。这条原则让问题变得更加严重。要获得更多的数据，就必须往回追溯更早的数据。对计量经济学家来说，统计近十年的数据得出的推测结果肯定比只统计近两年的数据更可靠。

这种预测方法存在的问题在另一条曲线上反映了出来。图 2.6 下方的曲线代表科技的几何级数增长。显然，计量经济学家很难预测这样的发展趋势。因为几何级数增长在最初阶段非常平缓，但它会突然开始迅猛增长。计量经济学家根据曲线左侧的历史数据几乎无法预测这种突变。等到计量经济学家发现这种变化时，留给我们的时间就非常有限了。

卢德谬论
The Luddite Fallacy

我们之前已经提到过卢德谬论这个说法。提出这个概念的经济学家认为，技术进步将导致越来越大范围的失业的说法是一种谬论。换句话说，他们相信自动化不会导致大范围的失业。经济学家的推理逻辑是这样的：自动化将提高工人的生产效率，于是产品和服务的价格会随之降低，从而刺激消费需求的增长。企业为了满足增长的消费需求，会尽力提高产量，新的工作机会就这样产生了。

经济学家对这个推理过程深信不疑。纽约大学的教授威廉·伊斯特利（William Easterly）是研究发展中国家经济的专家。他在《在增长的迷雾中求索》（The Elusive Quest for Growth）*一书中很好地解释了这种逻辑：科技进步将提高生产力，产品价格会相应下降，于是市场需求会增长，企业就会生产出更多的产品和服务。而这正是本书第一章的隧道模型要反驳的观点。

问题在于增长的需求从何而来？谁会购买新增的产品和

---

* 我并非想贬低伊斯特利的这本书。这本书针对第三世界国家的经济问题给出了很多有用的见解。引用这本书的原因是它非常好地解释了这种传统观点。

服务？我们已经知道，自动化随时有可能席卷全球，它将覆盖几乎所有的行业和职业，无论是高学历的就业者，还是低学历的普通工人都将受到它的威胁。市场经济下的消费者要么自己有工作，要么靠其他就业者养活。如果劳动者大部分失业了，市场需求从何而来？

全球经济是一个封闭的系统，这个系统之外不存在出口市场。它不可能像美国南方奴隶制经济那样依靠出口获得持续发展。几乎所有消费者都要通过工作获得收入，如果大部分工作实现了自动化，市场需求必然会下降。绝对不会有富裕的外星来客购买我们过剩的产品和服务！

经济学家的推理基于两条基本假设：（1）机器是工人使用的工具，它能提高工人的生产效率；（2）机器很容易操作，普通人接受适当培训后就能够使用机器完成工作，从而提高劳动价值。可是，如果有一天这些假设不再成立，情况会变成什么样？如果机器变成了工人，资本变成了劳动力，会有什么后果？

有一点值得我们注意：自动化将同时在发达国家和发展中国家中蔓延。《自动化世界》（Automation World）杂志的一篇文章早在 2003 年就指出："工厂自动化在提高生产率的同时，也让全世界制造行业的工作机会不断减少，发展中国家也不例外。"所以我们不能指望中国和印度正在崛起的中产阶级解决全球需求下降的问题。

美联储前主席艾伦·格林斯潘在《动荡的年代》(The Age of Turbulence)一书中用了整整一章阐述美国越来越严重的收入不平等问题。格林斯潘指出，现在美国的收入分配集中化问题是自20世纪20年代末以来最严重的。他认为这种现象出现的原因是经济全球化和科技进步，尤其是科技进步导致许多以前由普通人承担的工作现在都由计算机完成了。显然，格林斯潘是对的，只是他还没有认识到科技进步永远不会停止，更没想到它还会加速前进。

事实上，卢德谬论只是经济学家观察历史经验后得出的结论。经济学家认为以前没有发生的事以后也不会发生。几个世纪以来，机器的性能不断提升，工人的工作效率和薪水确实提高了。可如果科技继续发展下去，我们完全有理由相信总有一天机器将完全实现自动化，而工人会变成多余的。而且，早在这种极端情况出现之前，经济就会经历一个临界点，即自动化导致的失业问题开始抵消价格降低和需求增长带来的利好(第三章会继续探讨这个问题)。我认为，鉴于计算机技术正在以前所未有的加速度发展，卢德谬论也许并不是那么荒谬。

更大胆的预测

A More Ambitious View of Future Technological Progress

本书对科技发展的预测其实相当保守。我并未提到人形机器人或者企图统治人类的超级计算机，因为我希望读者严肃地对待本书。比起科幻小说里耸人听闻的情节，机器自动化对就业市场的威胁更实际，也更紧迫。如果机器要“消灭”我们，它根本不需要攻击我们，只需要抢走我们的饭碗就足够了。

尽管如此，我想还是有必要介绍一下其他科技界人士的观点。物理学家史蒂芬·霍金（Stephen Hawking）在《时间简史》（A Brief History of Time）中写道：“计算机很可能在一百年内超过人类的智力。”而 1999 年美国国家技术勋章的获得者、发明家雷·库兹韦尔更乐观，他认为机器在 2029 年之前就将实现真正的智能化。

库兹韦尔是技术奇点（technological singularity）的主要支持者之一。这个概念是数学家兼作家弗诺·文奇（Vernor Vinge）提出的，他认为未来的某一天科技将出现不可思议的爆炸式发展，出现人类无法理解的技术进步。当技术奇点来临时，旧的社会模式将一去不复返，而新的规则开始主宰这个世界。图 2.7 展示了技术奇点出现后的情况，在奇点之后，技术发展曲线几乎变成了垂直上升的直线。

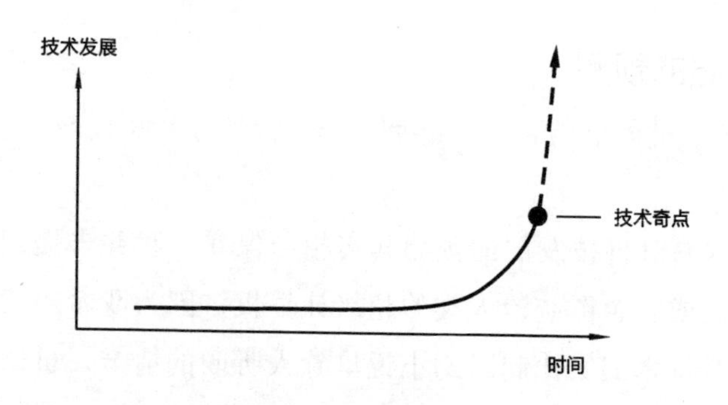

图 2.7 技术奇点

技术奇点的出现将会颠覆现有的经济规则，但是支持技术奇点的科学家似乎都不太担心这个问题，也许他们认为未来的超级智能机器将为我们解决一切问题。如果推动生产的动力不再是人类的消费需求，那么经济将不再以市场为导向，它很可能变成某种计划经济。苏联就是一个很好的例子，苏联虽然没有智能机器，但拥有一大批高智商的数学家。他们组成了一个叫做国家计划委员会的机构，负责解决经济问题。最后结果如何，我们都清楚。让我们祈祷机器人会比苏联人干得更出色吧！

技术奇点是非常极端的情况，我不打算用更多的笔墨讨论这个问题了。我们所关心的问题要实际得多：机器自动化会对市场经济造成什么样的冲击。

小结
Summarizing

我已经向读者展示了计算机的运算能力和数量都在以惊人的加速度增长，而人类的教育水平和自身的潜力似乎已经没有多少提高的空间。我们还具体分析了好几种职业（包括一些高学历高收入的工作），预测了自动化对它们的威胁。让我们再看一看本章开头提出的假设：

2094 年之前，科技不会发展到能够取代普通人工作的地步。在此之前，市场经济会不断提供多数人能够胜任的新工作。

现在，这个假设看起来似乎不那么可信了。我们讨论的许多情况很可能在 2094 年之前发生。也就是说，机器自动化很可能影响我们下一代的生活，甚至有可能在我们的有生之年出现。

如果我们不提前考虑对策，后果将不堪设想。失业率不断攀升必然会带来一系列社会问题，比如前面提到的大学招生率下降，以及人们开始纷纷竞争蓝领工作，等等。此外，人们认识到科技带来的影响后，必然会发动一系列抵制科技的运动。不难理解，各行各业的就业者，甚至很多科技行业的工作者都将不顾一切地保护他们的谋生方式。

工会将组织工人发动大规模的、漫长的抵抗运动。目前还没有加入工会的就业者将纷纷加入各类工会。劳资冲突将引发严重的经济动荡和社会动荡。政府将面临巨大的压力，甚至不得不采取必要的措施来限制科技进步和机器自动化。

我们知道人类还有许多棘手的问题没有解决，比如能源枯竭问题、气候问题、环境问题、种族冲突、恐怖主义，等等。在这些问题还没解决之前，全球性的经济衰退无疑是雪上加霜。别忘了贫困是战争、地区冲突和恐怖主义滋生的温床。经济大幅衰退必然会引发许多新的问题。

解决这一问题的答案决不是阻止科技进步的脚步。问题与科技无关，而与我们的经济体制有关。现有的经济体制无法适应即将出现的新形势。在本书的最后一章，我将提出一些改变经济策略的建议，让我们以一种前所未有的方式充分利用科技进步。不过在此之前，我们先离开隧道模型，进入现实世界。那里的情况可能远比我们想象的要危险和紧迫。

第三章

危机

DANGER

第一章的隧道模拟实验表明，如果机器自动化让大量普通人失业，那么经济将不可避免地陷入衰退，因为就业者本身就是消费者，而且有些人还赡养着其他消费者。

目前看来，自动化似乎还是一个缓慢的进程，但我们能否因此认为自动化进程对经济的影响也是缓慢的呢？为了回答这个问题，让我们先了解一下自由市场是怎样运转的。

市场的可预测性

The Predictive Nature of Markets

近年来，互联网上出现了一种预测市场（比如 Intrade、IEM）。所谓预测市场其实就是博彩市场，它允许参与者对选举结果、经济发展趋势、商业界和娱乐圈的事件下注。预测市场的运作方式与期货市场十分相像，我们知道期货买卖其实就是交易者对期货标的物（如原油价格、股票指数等）的未来走势下注，预测市场也有同样的特点。

如果将这种概念推而广之，我们不难发现所有的自由市场本质上都是预测市场。以股票市场为例，如果一个人购买某家公司的股票，就表明他预测该公司的股票未来会升值。从整体上看，数以百万计的股民的集体买卖行为就构成了预测经济形势的晴雨表。历史经验表明，美国股市往往能提前半年左右预示经济衰退的迹象，而每次经济复苏之前都会出现牛市。

同样的现象也出现在我们日常接触的其他市场里，比如房地产市场、就业市场、大众市场等。原因很简单，每一位市场参与者都会根据对未来的预期调整自己的市场行为。如果某人知道自己很快会获得一大笔财富，那么他从现在开始就会提高消费水平，哪怕他还没有收到那笔钱。

现在我们不难发现问题了。如果机器不断取代普通人的工作，即使政府和企业不承认这一点，市场的预测功能也会自动发挥作用。这就像纸终究包不住火。早在自动化造成大范围失业之前，人们就会变得焦虑不安，并且采取相应的行动。为了应对不确定的未来，人们会大幅缩减开支，同时增加储蓄。

需要指出的是，我们这里讨论的情况与以往的经济衰退都不一样。以往经济衰退时，人们虽然也会节衣缩食以应对失业的风险，但这种焦虑是短暂的。因为人们知道经济迟早会复苏，到那时企业又会重新开始招工。

可是万一大众意识到再也不会有新工作了呢？如果出现这样的情况，经济前景将变得一片黯淡，这可不是耸人听闻。一个人如果知道自己将长期甚至永久失业，就等于收到了被迫提前退休的通知，那么他必定会大幅减少消费。

如果这样的情况真的发生，各国政府常用的刺激消费的措施（补贴、减免税收等）都会失效。因为这类措施无法消除人们的焦虑和恐惧。大众获得的额外收入都会存入银行，而不会用于增加消费。政府推行刺激消费的政策不但代价极高，而且起不到实际作用。总之，这种结果是我们都不愿意看到的。

2008 年的经济危机

The 2008—2009 Recession

虽然机器自动化目前还没有导致大范围的失业，但我们不难从 2008 年的经济危机中发现自动化进程影响经济的种种迹象。众所周知，2008 年的经济衰退是由 2007 年的次贷危机引起的，随后演变成信贷危机和全球性金融危机。正如我在第二章中提到的，计算机技术在这场影响全球的经济危机中起到了推波助澜的作用。除此之外，还有其他一些现象值得我们关注。

我们知道，发生在 2008 年的信用冻结事件严重打压了大众的消费需求。其实在此前的八年里，美国人的实际收入是停滞不前甚至是下滑的，而美国人的医疗保健开支一直在大幅增加。1960 年，医疗保健行业占美国总体经济的比例不到 6%，而到了 2013 年，这一数据增长到 18%。美国人均医疗保健支出已经飙升至大多数工业化国家的两倍。为了维持原有的生活水平，许多人办理了房屋抵押贷款。资贷危机的发生在某种程度上与美国人的医疗保健支出不断上升，以及普通人工资水平不断下滑有关。而造成美国工资水平持续下滑的原因有两个，一个是离岸外包外，另一个就是自动化。

在生产全球化的大背景下，为了与生产成本较低的发展中国家的制造商竞争，一部分美国制造商开始把生产任务外包给这些国家的工厂，另一部分制造商则不得不裁员并采用自动化技术。应该说美国制造商采用的自动化策略是卓有成效的，因为近年来美国的生产力出现了大幅提升。但它同时也导致了失业率上升，以及美国平均工资的下降。对普通人来说，找到一份稳定的好工作变得越来越难，为了维持原有生活水平而不得不打两份工的人越来越多。

与此同时，经济学家发现美国经济出现了一种奇怪的现象：即使经济出现复苏和增长的势头，失业率也仍然居高不下。他们把这种现象称为失业式经济复苏（jobless recovery）。为什么经济开始好转却没有带动就业呢？原因之一就是自动化。当经济衰退时，企业被迫裁员并尽量采用自动化技术，而当经济好转时，企业发现已经没有必要再雇用那么多工人了，因为自动化已经解决了产能不足的问题。

麻省理工学院经济学家戴维·奥托尔（David Autor）对这种现象做了大量的研究。在2010年发表的一篇论文中，奥托尔指出有四种类型的职业最容易被淘汰，它们是销售、办公/行政、生产/工艺/维修、运营/加工。1979—2009年这30年来，美国这四种类型的职业的雇用比例从57.3%下降到45.7%，而且近年来下降的速度还呈明显加速状态。

奥托尔还明确指出，这种现象不只发生在美国，在大多数发达工业国家都有记录，尤其是欧盟的16个国家，在1993—2006年这13年间，欧洲从事这几种职业的劳动力比例显著下降。奥托尔认为，造成这种现象的最主要原因是“常规工作的自动化”。

事实上，目前政府刺激消费的政策和力度已经达到空前的规模，但结果仍然令人失望。在没有具体政策确保就业的情况下，单纯刺激消费的政策是无法奏效的。这就像在一间不保温的房子里供暖一样，热量最终会散逸消失。目前由政府主导的、用于刺激消费的拨款和资源不是被资本市场吸收，就是流向了海外，普通消费者很难从中获益。稍后我将提出一些我认为对创造就业机会有帮助的建议。

离岸外包和工厂外迁

Offshoring and Factory Migration

我们已经知道离岸外包往往是自动化的预演。某项工作被外包出去后，会在发展中国家（至少是暂时地）创造一个相应的就业机会。但是，从发达国家自身的角度来看，离岸外包与自动化的结果是完全一样的，两者都会导致本国工作岗位减少。同理，对发达国家的就业者来说，工厂外迁与建造一座全自动工厂的影响也是一样的。在离岸外包与自动化的双重冲击下，发达国家很可能比发展中国家提前遭遇就业危机。别忘了，发达国家目前仍然是消费大国。

此外，虽然劳动力市场和资本市场在全球化方面做得很出色，但消费市场的全球化仍然比较落后。许多低收入国家的工人买不起他们自己生产的产品。就算买得起，他们通常也会把钱存起来，或者寄给家人。发达国家的消费需求拉动了发展中国家的生产力。发达国家的消费者还把一部分工作机会让给了发展中国家的工人，而发展中国家的工人却把收入存了起来*。显然，这不是一种可持续的发展趋势。

离岸外包是有风险的，而且它只是过渡性的，因为自动化会接踵而至。这不禁让我们怀疑离岸外包的做法是否明智。尽管目前发展中国家还能从离岸外包中获益，但是我们随后会看到，一旦西方国家出现长期的经济衰退，离岸外包给发展中国家带来的益处就会消失殆尽。

当然，企业作为经济个体是不会考虑离岸外包对全球经济的长远影响的。为了在市场竞争中获胜，企业必须追求短期利润。如果竞争对手将业务外包出去，那么它们就别无选择，只能效仿。所以只有政府才有可能采取宏观措施，扭转因大众对就业形势失去信心而导致的经济下滑。

传统观念

Reconsidering Conventional Views about the Future

近年来出版的预测未来全球经济形势的书大多围绕着传统的人口理论做文章，它们的观点也基本相同。比如它们认

---

* 有些经济学家认为这不是什么问题，他们认为美国的第三产业（服务行业）会越来越发达，许多人的收入会来自服务行业。然而，正如前文提到的，这些服务工作也可能被外包出去，或者被机器取代。

为决定未来经济形势的主要因素有两个：第一，全球工作人口和退休人口的比例；第二，发展中国家的工人数量与发达国家的工人数量的比例。

这些书中有两本代表作，一本书是罗伯特·夏皮罗（Robert Shapiro）所写的《下一轮全球趋势》（Futurecast: How Superpowers, Populations, and Globalization Will Change the Way You Live and Work），另一本是托马斯·弗里德曼（Thomas Friedman）的《世界是平的：21世纪简史》（The World Is Flat: A Brief History of the Twenty-first Century）。夏皮罗在他的书里对这种传统观念做了精精辟的总结。他指出了影响全球经济的三种趋势：（1）人口老龄化趋势——许多国家的退休人口将超过工作人口；（2）全球化趋势——劳动力、资本、商品、服务将自由地在国际流动；（3）计划经济的解体和市场经济的崛起——数以百万计的工人从计划经济中解放出来，成为自由劳动力。

很明显，科技进步没有出现在夏皮罗总结的三种趋势里。事实上，在传统观念中，科技只被视为全球化的催化剂，它的作用是次要的。只有当全球化表现出它的破坏性（如美国次贷危机演化成全球的经济危机）时，人们才希望发挥科技的作用来消解这种破坏性。总之，在传统的经济学观念里科技只是个配角。

虽然弗里德曼在《世界是平的：21 世纪简史》一书中总结的十种使世界“变平”的因素里包含科技，但是弗里德曼也只是将科技看成影响全球竞争与合作的手段，他并没有注意到科技进步对整体经济的影响，对人工智能和机器人技术更是只字未提。对一部以“21 世纪简史”作为副标题的著作而言，这不能不说是一个疏忽。

不过，夏皮罗确实注意到这样一种趋势：人们把复杂的工作分解成一个个简单的任务，然后将这些任务外包给发展中国家的工人。多亏了先进的软件技术，这样的分解和外包现在已成为可能。然而问题在于：如果技术已经发展到可以协助普通工人完成复杂工作的程度，那么它为什么会止步于此呢？很明显，科技会继续向前发展，直到有一天实现无人作业，而这一天将比我们预想得要早。

看起来，这些预测未来经济形势的书都没找准方向。持有传统观念的人很难预见到全球数以百万计的就业者所面临的威胁。经济全球化只是一种表象，它只是科技进步的阶段性表现，而加速进步的科技才是决定未来的力量。

中国的未来

The China Fallacy

未来是属于中国的，这一结论已经得到广泛认可。人们之所以得出这样的结论，主要是因为中国有着庞大的人口数量。比如，我知道有一项预测未来四十年经济发展趋势的研究，在预测中国未来的国内生产总值时，研究人员先估算出未来中国的人均国民收入（与目前发达国家的人均国民收入相当），然后乘以中国庞大的人口基数。换句话说，他们认为大部分中国人将会成为中产阶级。这一假设的前提条件是必须保证数以亿计的中国劳动者充分就业，而这绝不是一件容易的事。

目前，中国大部分普通就业者从事的仍然是制造业。而制造业提供的就业岗位正在逐年减少。1995—2002 年，中国的制造业减少了 15%的工作岗位，也就是说约有 1600 万人下岗。虽然国有企业改革是造成工人下岗的主要原因，但是技术进步和机器自动化也起到了推波助澜的作用。而且，强有力的证据表明这一趋势还有可能加速。2013 年，中国家电制造厂商海尔裁员 1.6 万人，裁员比例达到了 18%。海尔首席执行官张瑞敏称 2014 年海尔将再裁员 1 万人。据了解，海尔裁员的主要原因是制造业务的智能化减少了用工数量。

不仅海尔，中国的其他大型家电企业，包括美的、创维、格兰仕、格力、海信、志高等，也都在大量使用自动化设备或机器人。

以美的公司为例，从 2010 年开始，美的公司家用空调事业部在各个车间广泛应用各类三轴、四轴机器人。2011 年下半年，美的机器人应用进一步提速，机器人能够对一些工序进行精加工，提高产品质量，因此在更大范围内被使用。

2012 年，美的成立了专业的机器人设计加工团队，自主研发了电子、钣金加工装配机器人生产线。公司表示，今后在一些关键零部件组装、焊接和测试方面，也将加大机器人的应用比例。目前，美的家用空调事业部在生产线上共投入了近 500 台机器人。除了家用空调事业部外，美的厨房电器事业部也有多条自动化生产线和机器人生产线。

显然，在中国制造业升级的过程中，机器自动化将发挥至关重要的作用。美国、德国、日本等发达国家掌握先进自动化技术的大型企业对中国市场早已垂涎欲滴。知名工业机器人制造商，比如 ABB 集团和库卡机器人集团已经在中国投入巨资兴建工厂，计划每年生产成千上万的机器人。与此同时，中国企业也正在积极致力于发展自动化技术。中国台湾一家电源适配器生产商台达电子有限公司最近将其战略重点转向低成本的精密电子装配机器人。台达电子有限公司有意推出一款单臂装配用机器人，售价约 1 万美元，不到 Rethink 公司巴克斯机器人价格的一半。

自动化不仅可以减少人力的使用、节省制造成本，更重要的是可以提高生产的精确性和稳定性*。未来的产品部件会变得越来越小，越来越复杂，对生产工艺和加工精度的要求会越来越高。而机器可以把事情做得又快又好，并且不拿工资。所以不难推测自动化将使中国的制造业出现翻天覆地的变化。但与此同时，它也会严重冲击中国的就业市场，导致更多工人失业。

中国面临的另一个问题是出口危机。发达国家纷纷陷入经济停滞状态，西方人面临着越来越严重的失业危机，人们的消费欲望持续降低，他们对中国产品的需求也在相应减少。而中国还不是一个自给自足的经济体，中国生产的产品有相当一部分是用于出口的。出口贸易为中国的经济增长做出了巨大的贡献。1978 年开革开放之初，中国经济对外贸易依存度仅为 9.5%，而 2008 年到达了 62%。中国经济对进出口贸易的依赖程度由此可见一斑。依靠出口，中国成为了世界上最大的外汇储备国，外汇储备超过 3 万亿美元。

中国对出口贸易的依赖在 2008 年的全球经济危机后表

---

* 有人可能不同意我的观点。他们会举出自动化程度较低的中国企业使用低成本的劳动力取得成功的例子，比如比亚迪（电池和汽车制造商）。问题在于，比亚迪的商业模式是否具有可持续性。我认为比亚迪一定会采用更多的自动化技术，否则它生产的汽车很难达到出口市场要求的质量标准。此外，中国的工资水平也不可能一直保持现在的低标准，如果是这样的话，中国如何拉动国内的消费需求？

现得尤其明显。这场经济危机导致数以千计的中国工厂倒闭，数以百万计的工人失去了工作。2009 年 1 月，中国总理温家宝甚至在国务院政府工作报告中指出当年是本世纪中国经济发展最困难的一年。未来，如果机器自动化真的导致全球经济衰退，那么中国经济必定无法独善其身。

除出口贸易外，另一个支撑中国经济高速发展的重要因素是政府大量投资基础设施建设。2013 年，在中国国内生产总值中，对基础设施方面的投资所占比例从 2012 年的约 48% 上升至 54%。然而许多分析家认为，每年中国政府都会出台刺激经济的政策，但是效果却越来越差。中国的资本成本被人为压低，导致不良投资遍及中国。许多地方甚至出现了“鬼城”，即城市里新建的住房大部分无人居住。此外，连续的政府投资导致中国的杠杆率（国家债务对 GDP 的比例）越来越高。据估计，中国的总杠杆率已经超过 200%。很显然，这样大规模的政府支出是不可持续的。

许多经济学家都认为中国应该设法拉动内需，以应对潜在的出口危机。但是要做到这一点并不容易。大多数中国工厂生产的产品要么超出中国普通消费者的消费能力，要么就是他们不感兴趣的——中国人是不会买那些万圣节饰品的。即使中国企业转型生产中国人感兴趣的产品，他们也还面临着另一个问题，中国人喜欢把钱存在银行里，而不是用于消费。

据估计，中国人将 30%的收入存入了银行。而在经济危机发生之前，美国人的存款收入比几乎是零。为什么中国的储蓄率如此之高？经济学家的解释是中国的社会保障体系还不够健全，像养老保险、失业保险、医疗保险这类的社保制度还没有完全普及。为了将来打算，人们不得不把钱存起来，以备不时之需。

此外，中国实施了多年的独生子女政策在控制人口增长方面取得了成功，但它也造成了一个迅速老龄化的社会。到 2030 年，中国将有超过 2 亿老年公民，大约是 2010 年的两倍。到 2050 年，超过 1/4 的人将在 65 岁以上，同时至少有 9000 万人达到 80 岁。以前，中国城市里的老年人主要靠国有企业提供的退休金生活，但国企改革给“铁饭碗”画上了句号，许多退休者不得不自己养活自己，或者靠子女养活。而急剧下跌的生育率已导致了显著的 1-2-4 问题，即一个处在工作年龄的成年人不得背起赡养父母、祖父母、外祖父母的重担。

老年公民缺乏社会保障只是中国储蓄率居高不下的原因之一。另一个原因是近年来不断上涨的房价。近十几年来，中国城市房价平均增长了几倍，很多年轻人将超过一半的收入存到银行，为的是某一天能够付买房的首付。

除此之外，我个人认为存钱的观念源自中国传统的勤俭节约的文化。很显然，这种深入人心的观念是很难改变的。

此外，城乡收入差距是中国面临的又一个问题。在中国，大部分制造业工人是外来务工人员。这些人大多来自农村，没有城市户口。他们通常住在工厂的集体宿舍里，与家人分隔两地。这些农民工的收入远低于城市居民，而且他们习惯把大部分收入存起来或寄回家补贴家用。省吃俭用的他们很难融入城里人的生活，所以这些农民工自己很难成为拉动当地消费的力量。

中国的经济发展前景将取决于它能否在与科技进步的竞赛中占得先机。作为西方人，我们怀着复杂的心情关注着中国经济的发展。一方面，我们担心强大的经济实力会导致这个国家在与我们不同的意识形态上越走越远。另一方面，我们又希望中国经济保持高速健康的发展，释放出巨大的经济潜能，带动全球经济的繁荣。

目前，西方国家的人口老龄化趋势也在加剧，除了导致这些国家的养老保险和社会保障体系承受巨大的压力外，还引发了另一个不易察觉的问题：资产贬值。为了防老，西方人在退休之前会断断续续购买股票和债券。等到了退休的年龄，他们会出售这些资产以维持原有的生活水平。

问题是，大量老年人将出售手中的资产，而只有较少的年轻人有能力购买这些资产。由于供大于求，几乎所有类型的资产都会严重贬值。艾伦·格林斯潘（Alan Greenspan）在回忆录《动荡的年代》（The Age of Turbulence: Adventures in a New World）中指出，解决这一问题的方法是让发展中国家（比如中国）的大量年轻人来购买我们（西方国家）的资产。很多人赞成格林斯潘的观点。但是本书的内容已经向读者展示了这个办法也许很难奏效。

事情真的会像格林斯潘预测的那样发展吗？发展中国家的就业者真的会购买西方老年人的资产吗？我认为这种想法非常不切实际。如果机器自动化让发展中国家和发达国家同时出现大范围失业，格林斯潘的办法就不奏效了。因此，我对以中国为首的发展中国家挽救西方资产的观点持谨慎的观望态度。

无论如何，中国有着占世界四分之一的人口，在未来几十年里，它的影响力会越来越大。然而，中国的未来仍然难以预测。科技进步将在很大程度上影响中国的发展。目前，中国面临的最大挑战是如何拉动内需。正如我前面提到的，有几个因素阻碍着中国的这种转型：较低的工资水平、越来越严重的失业问题、重视储蓄的文化，以及城乡收入差距。稍后我们将看到，发达国家离岸外包的动机很可能会消失，各国政府将越来越重视发展本国内需。

农业的现状

Modern Agriculture

在进一步分析机器自动化对全球制造业的影响之前，我觉得有必要先看看发达国家已经高度自动化的农业的情况。在19世纪末，有近一半的美国工人受雇于农场；而到2000年，该比例已经降到2%以下。对于小麦、玉米、棉花等可以用机械来种植、养护和收获的作物，如今需要的人工劳动几乎可以忽略不计。

经济学家皮厄特拉·里瓦利（Pietra Rivoli）在《一件T恤的全球经济之旅》（The Travels of a T-shirt in the Global Economy: An Economist Examines the Markets, Power and Politics of World Trade）一书中为我们讲述了美国西德克萨斯种植棉花的一段历史。在20世纪20年代以前，种植棉花是一种高强度的体力劳动。那时人们用骡子耕田，播种后必须不分昼夜地劳动，随时关注棉花的长势。收割也需要大量的农民参加抢收，以免天气变糟，造成减产。

如今棉花的种植与收割已经实现了机械化。西德克萨斯的棉花种植成了名副其实的"独角戏"。借助机械设备和农药，一个农民就可以独自完成所有的种植和收割工作。西德克萨斯州种植棉花所需的劳动力几乎为零。

不过，农业还剩下一个领域需要大量的劳动力，主要是脆弱、高价的水果和蔬菜，以及观赏植物和花卉的采摘。与其他相对有规律的体力劳动相比，这些工作暂时还没有实现大范围的自动化。水果和蔬菜容易损坏，需要根据颜色和质感进行挑选，这对机器来说还是巨大的挑战：即使是同一种果蔬，形状也千差万别，而且朝向各不相同，甚至有可能被叶子完全盖住。

但是这些工作同样也面临着自动化的威胁。总部设在加利福尼亚圣迭戈的视觉机器人（Vision Robotics）公司正在研发一种外形像章鱼的机器人，专门用来采橘子。这种机器人具有 3D 视觉，可以建立整棵橘子树的计算机模型，并存储每颗橘子的位置。这些信息可以用于指挥机器人的 8 个机械手臂迅速采摘橘子。

在法国，已经有试验机器人利用 3D 视觉来修剪葡萄藤。而在日本，有一种新机器人能够根据细微的颜色差异挑选并采摘成熟的草莓，采摘每颗草莓只需 8 秒钟。该机器可以连续工作，而且大部分工作是在夜间完成的。

此外，美国的牲畜饲养和牲畜管理也正在实现机械化。例如，机器人挤奶系统在奶牛场的应用已经相当普遍；而肉鸡的饲养有严格的控制标准，避免体形过大或过小，不利于自动化屠宰和加工。

读者不难发现，在机器自动化的影响下，发达国家的农业生产对劳动力的需求已经大幅降低。而这种情况很快就会在制造业上演。

制造业的未来

The Future of Manufacturing

近年来，发达国家出现了制造业大规模向发展中国家迁移的现象。显然，造成这一现象的主要原因是发展中国家的劳动力成本远低于发达国家。但是，随着工厂的自动化程度变得越来越高，劳动力成本在总生产成本中所占的比例将越来越低。

不难预测，制造业也将像农业一样受到自动化进程的影响。里瓦利的书指出，美国纺织业提供的工作岗位正在逐年递减。她引用了大量的证据来证明引起纺织业工作岗位消失的原因不是离岸外包，而恰恰是机器自动化。比如她提到，尽管中国的工资水平很低，但是在 1995 年到 2002 年这八年间，中国的纺织业仍然削减了近 200 万个工作岗位。

我同意里瓦利的观点。实际上，美国也存在同样的情况。美国制造业雇用的劳动力比例早在离岸外包大范围出现之前就已经开始下滑了。根据美国劳工统计局的统计，1950—2010 年，美国制造业雇用的劳动力比例一直在下滑，从 30% 以上降到了 10%以下。

我们不难想象，未来的自动化工厂只需要少量熟练的技术工人操作和维护就能正常生产。在自动化造成劳动力成本不断下降的同时，能源成本则会持续上升。几乎所有的经济分析师都认为，世界石油产量将在几十年内达到顶峰，此后就会逐年下降。如果到那时人们还没找到新的替代能源，原油价格将不可避免地上涨。如果真是这样，未来企业首先要考虑的将不再是如何降低劳动力成本，而是如何降低能源成本。我们有理由认为，很快工厂选址的首要考虑因素将从寻求低成本劳动力转为节约能源。

在各种能源成本里，运输成本无疑占了大头。经济学家杰夫·鲁宾（Jeff Rubin）和本杰明·塔尔（Benjamin Tal）指出，未来仅运输成本上升这一因素就有可能抑制全球化的进程。他们指出，如果原油的价格达到每桶 150 美元，那么增加的运输成本基本上等于 20 世纪 70 年代要交纳的关税。

如果未来的工厂真的实现了自动化，而能源成本又不断上升，那么工厂的选址方式就会发生变化。为了节省运输成本，企业会优先选择将工厂建在靠近消费者的地方，或者靠近易于获取自然资源的地方。企业将会综合考虑运输生产资料（输入）的成本和运输产品（输出）的成本，从而寻找更合适的建厂地点。此外，为了在靠近消费者的地方建厂，工厂将出现小型化和分布化的特点。也就是说未来的工厂很可能从目前的庞然大物变成星罗棋布的小车间。

除了节约能源，未来企业要考虑第二个因素是工厂所在地的政治环境是否稳定。企业会优先选择在政治稳定的国家投资建厂。政府将不得不使出浑身解数吸引企业，包括维持社会稳定、提高法制水平、向服务型政府转变、建设良好的基础设施、提高自身的适应能力、为企业培养数量庞大的消费者群体等。

印度的外包产业

India and Offshoring

印度与中国一样没有建立起完整的、自给自足的现代化经济。印度是一个贫困的发展中国家。它虽然是民主国家，但有着比较严重的官僚主义作风。印度经济的特色在于两个特殊产业：软件产业和外包产业。

印度的经济发展也面临着与中国一样的问题。自动化正在威胁印度的外包产业和传统产业，大量普通人的工作将被计算机和自动化取代。

当然，印度的外包企业会尽力回避自动化，它们很可能会转换经营方向，发展能够创造更高附加值的外包业务。然而，正如前文提到的，许多对技能要求较高的工作最终也会被自动化取代。就算印度企业真的拿到了这类创造高附加值的外包业务，那也意味着发达国家相应的工作岗位会进一步减少，而这又会进一步加重市场需求危机。

美国的未来

Economic Implications for the United States

美国的未来如会如何呢？这完全取决于美国能否适应新的变化。主流的观点是美国的全球影响力正在持续减弱，媒体常常使用“后美国时代”和“美国时代落幕”之类的词汇描述几十年后的美国。

然而，这种观点仍然是以人口统计理论为基础的——从人口数量推测国家的影响力。人们之所以预测美国的实力将下滑，是因为中国和印度的劳动人口比美国多，而且劳动力成本低。可如果未来劳动力变得不那么重要了呢？如果大范围的机器自动化真的实现了呢？在这种情况下，掌握核心技术才是最重要的。因此，美国仍然有希望保持优势。

从这个角度看，美国的未来可能比人们预想的要光明。但前提是美国能够抓住机会适应新的形势。美国其实是一个相当保守的国家。如果我们满足于过去的成就，固守现有的体制，就很有可能错失宝贵的发展机遇，眼睁睁看着其他国家掌握主动权。

如果美国没有抓住这一机遇，也许美国时代真的就要落幕了。大范围的失业和经济下滑除了引发各种社会问题，还会导致美国大幅削减用于国土安全的开支，影响到美国的国家安全。

第二章曾提到未来有可能出现一种趋势。由于技能型工作难以外包和实现自动化，越来越多的人会放弃接受大学教育，转而参加各种技能培训，以期找到一份稳定的工作。如果政府不采取相应的措施，那么高等教育率下降无疑将威胁美国在科技领域的领先地位。因此，我们必须设法鼓励人们继续接受高等教育（尤其是理工科教育），以期他们在科技领域做出新的贡献。

解决方案
Solutions

既然我们认识到了未来面临的危险，就应该开始思考可能的解决办法。如何才能避免世界经济陷入可怕的泥淖呢？为了回答这个问题，我们首先要了解两个概念：劳动密集型产业和资本密集型产业。

劳动密集型产业和资本密集型产业

Labor and Capital Intensive Industries

劳动密集型产业指的是需要较多劳动力参与的产业。目前，制造加工、零售、运输、餐饮、酒店等都属于劳动密集型产业，它们都要雇用大量的员工。相比之下，资本密集型产业只需要雇用较少的员工，这类企业通常把大量资金投入科研和购买先进设备上。半导体制造、生物技术、信息技术（包括互联网）都属于资本密集型产业。

随着科技不断进步，所有企业都有从劳动密集型向资本密集型转变的趋势。这种转变已经持续了几个世纪，目前仍然没有停止的迹象。近年来出现的新兴产业通常也都是资本密集型的。对比发达国家和第三世界国家的相同产业，不难发现发达国家企业的资本密集度通常更高。这正是发达国家更富裕的原因之一。

由于资本密集型企业采用了更先进的技术，因此它们可以在员工数量相同的前提下获得更高的生产力。举一个极端的例子，2006 年谷歌以 16.5 亿美元的价格收购了 Youtube。当时 Youtube 只有六十几名员工，也就是说平均每位员工创造了超过 2700 万美元的价值。而沃尔玛的每位员工平均只贡献了十几万美元的价值。

表 3.1 对比了 2008 年几家美国公司的员工人数与营收情况。我们从这张表中很容易看出劳动密集型企业与资本密集型企业的区别。2008 年麦当劳与谷歌的营业收入基本持平，然而麦当劳的员工人数是谷歌的 20 倍，也就是说平均来看，每位谷歌员工创造的收入几乎是每位麦当劳员工的 20 倍。

表 3.1　2008 年几家美国公司的员工人数与营业收入

公司	员工人数	每位员工创造的平均价值
麦当劳	40 万	5.9 万美元
沃尔玛	210 万	18 万美元
英特尔	8.3 万	45.6 万美元
微软	9.1 万	66.4 万美元
谷歌	2 万	108.1 万美元

很显然，科技进步（尤其是自动化进程）必定会向余下的劳动密集型企业发动攻势，直到所有的企业都变成资本密集型企业。可那些被淘汰的员工该去哪里求职呢？如果麦当劳和沃尔玛的员工人数变得像谷歌一样少，被它们淘汰的几百万员工该怎么办？这么多劳动者（消费者）失去了工作，经济如何保持繁荣？

这听上去耸人听闻，但并非只有我发现了这种趋势*。《经济学人》杂志早在 2003 年 8 月就曾报道说："美国劳工统计局提供了生产力复苏的新证据。今年第二季度的人均生产力比去年同期增加了 5.7%，但令人失望的是，就业形势并未好转。数字的增加平添了人们对就业前景的忧虑。"《商业周刊》在 2006 年也曾报道说："自 2001 年以来，得益于计算机技术和通信技术的进步以及工厂生产效率的改善，美国制造业的生产率（单个工人每小时生产的产品或服务的数量）提高了 24%，这着实让人吃惊。换句话说，我们正在用越来越少的工人生产越来越多的产品。"

在劳动密集型产业向资本密集型产业过渡的过程中存在一个临界点，一旦越过了这个临界点，大范围失业的后果将会吞噬科技进步带来的红利，经济状况将会急转直下。我们离临界点究竟还有多远？没有人能回答这个问题。但有一点可以肯定，这些统计数据反映的问题确实让人担心。

* 当然，目前的失业率还没有达到压垮经济的程度，但我们都知道美国人的工资水平一直处于滞涨状态，而生产力和失业率却同时在上升。

临界点

Tipping Point

让我们从另一个角度来诠释临界点这一概念。机器一直以来都是辅助人类劳动的工具。最早，机器是流水推动的水车，后来出现了蒸汽驱动的蒸汽机，再后来出现了电力驱动的电动设备，今天机器已经进入计算机控制时代。

从总体上看，过去几百年的经济发展属于良性循环*。机器变得越来越精密和复杂，使用机器的工人的工资也在稳步提升。这是由于机器的进步提高了生产效率。生产效率的提高降低了生产成本，从而也降低了商品的价格。于是消费者可以用更低的价格买到所需的商品，多出来的钱可以购买更多的商品，这样就为更多的人创造了工作机会。

然而，我们不禁要问：这种状态会一直持续下去吗？我不这样认为。首先，过去几百年的经济发展处于良性循环，是因为全世界的消费需求一直在稳步增长，而一旦机器自动化导致大量普通人失业，消费需求就会大幅下降。其次，以往机器是辅助人类劳动的工具，而当它变得不需要人类过多

---

* 长期的经济繁荣在很大程度上是科技进步的结果，这一观点已经深入人心。著名经济学家、麻省理工学院的教授罗伯特·索洛（Robert Solow）正是因为这方面的研究成果而获得了 1987 年的诺贝尔经济学奖。

的控制就能工作时，情况就发生了本质的变化。图 3.1 是我对未来工人工资与自动化关系的预测。

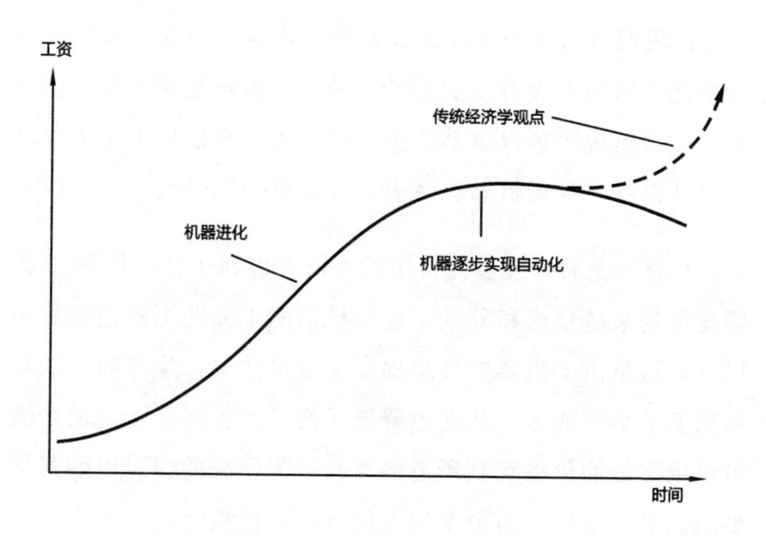

图 3.1　工资与自动化的关系

图 3.1 中的实线代表我对普通人工资走势的预测，虚线则代表传统经济学的看法。实线与虚线的分界点就是临界点。实际上，这张图也可以用来表示人均国内生产总值（GDP）的变化趋势。

一旦越过临界点，情况就会变得越来越糟糕。这是因为原有的经济运转机制被打破了，市场经济将逐步丧失其基本驱动力——消费者。越来越高的失业率、微薄的工资，以及人们的心理恐惧将共同引发严重的经济衰退。

如果你仍然心存疑虑，不妨试着问自己两个问题：（1）机器将不断进步，但永远不可能实现自动化，这有可能吗？（2）即使无法完全实现自动化，机器也会变得越来越复杂，最后只有少数人可以操作（或者只需要少数人操作）。如果是这样，不也同样会造成大量失业吗？

搭便车

Free Riders

第一章曾用隧道模型来模拟大众市场，现在让我们看一个略微不同的比喻。想象大众市场是一条河，河水是由消费者的购买力汇聚而成的，在这条河的两岸分布着各类企业。

每当企业向消费者出售产品或服务时，就会从河里抽取一部分购买力。当然，企业也会通过以下两种途径向河里注入购买力：第一，向员工支付工资；第二，采用更先进的技术降低生产成本，从而降低产品和服务的价格（相当于让利给消费者）。然而，河岸上的企业的资本密集度会越来越高，最终会到达上文提到的临界点。到那时，这些企业从河里抽取的购买力将远超出它们注入的购买力，河水很快就会枯竭。

在现实里，我们绝不会允许企业无限制使用公共资源。

出于保护资源的考虑，企业至少应该承担一定的使用成本。如果企业占用了资源却不承担成本，那就是在“搭便车”。搭便车原意是指不买票乘坐公交车，经济学家用它比喻占用公共资源而不付出代价的行为。

对企业来说，消费者的购买力无疑属于公共资源，而且是最基本的公共资源。市场经济的运转完全依赖于这种资源。从这个意义上说，当一家企业雇用的员工越来越少（资本越来越密集）时，它抽取的资源将远远高于回馈的资源，这就是在搭市场经济的便车。

想象一家完全自动化的工厂，它不用支付工资，因而也就不需要缴纳工资税。它为市场所做的唯一贡献是降低了产品价格，而这根本不足以维持河中的水流。这样一家高效的企业就好比一台超大功率的抽水泵。然而，将这样一台抽水泵安放在干枯的河床边是毫无意义的。企业应该以某种方式向河里注入购买力，比如承担相应的税赋。

政府也应该采取相应的措施防止市场之河干涸。未来，如果自动化导致大范围的失业，就有必要进行一定程度的经济改革，以使市场经济继续发挥功效。这将是第四章的主题。在此之前，我们的短期目标应该是保持经济的稳定，并确保自动化进程对就业市场的冲击以一种缓慢的方式释放。其中最重要的一点是避免大众对就业市场失去信心，否则将导致经济状况急转直下。

工资税
Payroll Taxes

企业除了要给工人发工资，还要承担相应的工资税。工资税与个人所得税的区别在于个人所得税是由个人承担，而工资税是由企业承担。在许多国家，工资税是筹集社会保障基金的主要途径。在美国，社会保障基金有一半的资金来自工资税。

工资税是企业不愿意雇用员工的主要原因。如果机器可以取代人类工作的话，企业肯定会选择使用机器。在欧洲，这种情况更为明显，欧洲国家的工资税普遍比美国高。此外，欧洲企业解雇员工的成本非常高，一旦企业与员工签订了劳动合同，就很难解雇员工，因此他们雇用员工时更谨慎。

随着人口老龄化问题越来越严重，以工资税为基础的社会保障体系将承受巨大的压力。美国人都知道自己的社会保障体系（尤其是医疗保障体系）几十年后将面临破产的风险。欧洲和日本的情况更差，欧洲各国的社会保障体系几乎已经难以为继。如果本书的预言成真，情况只会变得更加糟糕。自动化进程加上人口老龄化问题，两者产生的影响叠加必定会压垮工资税支撑的社会保障体系。

资本密集型企业享受了市场经济的便利，却只雇用了很少的员工，所以它们没有承担起维护消费市场的义务，以及本该承担的社会保障成本。也就是说，资本密集型企业占用了资源（抽取了购买力）却逃避了相应的社会责任。

我们不难看出，传统的工资税制度已经有些过时了。工资税允许资本密集型企业搭便车，却让劳动密集型企业背上了负沉重的负担。因此，工资税实际上刺激了所有企业向资本密集型转变。

按人头数征收工资税的做法使得社会保障体系很容易受到人口老龄化的影响。解决这个问题的方法是启用一种新的征税方式。这种新的征税方式要考虑到资本密集型企业和劳动密集型企业的区别，让两者更公平地纳税。具体来说，就是根据企业占用的市场资源的多少征税，而不是根据员工人数征税。这种征税方式将从一定程度上缓解自动化进程对就业市场的冲击。

新的征税方式

The "Workerless" Payroll Tax

如果要根据企业使用的市场资源征税，最简单的方式就是放弃征收工资税，同时增加企业所得税。不过，工资税不管企业营利与否都要征收，而企业所得税只有当企业获得了利润时才征收，所以这种方式无疑会导致税收减少。考虑到社会保障体系已经不堪重负，这样做并不明智。

因此，我建议用毛利润税来替代工资税。毛利润可以用来衡量企业的基本营利能力，它等于企业的销售收入减去直接成本。它与企业占用的社会资源挂钩，而与企业的员工人数无关。这对资本密集型企业和劳动密集型企业都是公平的。尽管各行各业的毛利润千差万别，但是找到一个相对简单和公平的毛利润税计算公式并非没有可能。而且大多数企业都有毛利润，这有利于维持社会保障基金的收入。

根据我的建议，企业要缴纳两种税：（1）毛利润税（替代现有的工资税）；（2）（经过改良的）企业所得税。我们来看一下用毛利润税来替代工资税的好处：

- 由于废除了工资税，离岸外包和用机器代替人工作的趋势将得到缓解。
- 征收毛利润税使得那些选择自动化和离岸外包的企业无法再逃避其社会责任。
- 逐渐摆脱按人头计税的模式，缓解人口老龄化给社会保障体系带来压力。

- 既能保证筹集到社会保障基金，又不增加就业市场的压力。

当然，我必须指出征收毛利润税只适用于营利性行业，非营利性行业需要另外考虑征税方式，或者保留工资税。

改良企业所得税的计税方式
"Progressive" Wage Deductions

除了改征毛利润税，企业所得税也应该改良。就在我写这本书时，媒体正在报道许多美国公司的首席执行官（CEO）领取高额薪水的现象。我认为这种现象不仅涉及收入不平等的问题，它对大众市场的发展也是不利的。正如我之前提到的，一位普通工人为大众市场做出的贡献并不比一位 CEO 少多少。一位富翁可能购买一辆甚至几辆豪华轿车，但是他不会购买 1000 辆轿车。社会收入过度集中不利于消费市场的繁荣。

目前，美国企业计算企业所得税时要先扣除全部员工的薪酬。也就是说企业发给高管的薪酬越多，上缴的企业所得税就越少。这无疑助长了企业给高管涨薪水的风气。计算企业所得税时先扣减薪酬的做法没有错，但是不管薪酬多少一律扣减的方式值得商榷。实际上，这样做对薪酬较低的员工是不公平的。所以我建议修改扣减方式，遏制美国公司高管薪酬无限上涨的趋势。

我认为改用累进扣减方式，不但能解决这个问题，还能起到刺激企业增加工作岗位的作用。累进扣减方式与现有的累进税制原理很相像，只不过它是用于计算扣减额的。比方说，可以针对每位员工的年薪计算扣减额：0~5 万美元的部分（含 5 万美元）按两倍扣减；5 万~20 万美元的部分（含 20 万美元）按全额扣减；20 万~40 万美元的部分（含 40 万美元）按半额扣减；超过 40 万美元的部分不再扣减。我举几个具体的例子来说明：

- 对年薪 5 万美元的员工，可以按两倍扣减，即扣减 10 万美元。
- 对年薪 15 万美的员工，5 万美元的部分仍按两倍扣减，高于 5 万美元的部分全额扣减，因此可以扣减 20 万美元（5 万美元 ×2 + 10 万美元）。
- 对年薪 40 万美的员工，可以扣减 35 万美元（5 万美元 ×2 + 15 万美元 + 20 万美元 / 2）。
- 对年薪 2000 万的 CEO，最多也只能扣减 35 万美元。

如果采用这种扣减方式，那么企业就再不能通过给高管发高额薪酬来避税了。相反，如果企业想在这方面合理避税，就只能多招聘普通员工。这对于稳定就业市场，以及缓解自动化进程对大众市场的冲击都有好处。

小结
Summarizing

未来，自动化进程和全球化趋势很可能会让大量普通人失业，并导致经济大衰退。如果这种情况真的发生，那么只有政府才有能力采取措施解决问题。企业只关心如何追求利润，它们的自发行为只会加重危机，而不是解决危机。

如果机器自动化真的普及了，美国目前的工资税和企业所得税的计税方式会进一步导致社会收入不公平，适当改进计税方式将有助于缓解自动化进程对就业市场的冲击。

有人认为收入差距日益扩大是就业者的能力差异造成的，受过高等教育和专业技能培训的人自然有收入优势。这只解释了一部分原因，另一个原因是低技能的工作首先受到了全球化和自动化的冲击。随着科技进步，知识型工作也将受到冲击（IT 行业和金融行业已经出现了这种迹象）。即使股市在 2012 年和 2013 年继续保持上升，但华尔街的大型银行仍宣布大规模裁员，造成几万个工作岗位消失。2000 年，华尔街的公司在纽约雇用了 15 万金融工作者；到 2013 年，尽管交易量和行业利润都开始飞涨，但华尔街的从业人数仍然下降到了 10 万左右。

当所有的工作都受到冲击时，收入不平等的现象会更加严重，大部分社会收入将会被拥有技术资本的人独占。

贫富差距扩大不仅是道德问题或社会问题，它也是市场问题。如果普罗大众的收入集中到少数富翁手里，社会购买力就会完全失去活力。到那时，所有的产品和服务该卖给谁呢？这无疑将导致购买力之河干涸。

自 20 世纪 20 年代以来，美国的社会收入从来没有像今天这样集中。而这种集中带来的风险比以往任何时代都高，因为今天大众市场的繁荣已经改变了经济的性质。如今，每个人（包括那些富有的人）的收入都是直接或间接地来自于大众市场。

大范围失业带来的社会后果非常严重。上一次美国的失业率达到 25% 是 19 世纪 20 年代的大萧条时期。约翰·肯尼迪总统的父亲老肯尼迪曾回忆说：在大萧条时期，只要能合法地保住自己的一半财产，他很乐意放弃另一半财产。显然，不仅普通人感到绝望，就连肯尼迪这样富裕的家族也会不知所措。

我写这本书的目的是希望引起大家对这些问题的关注，

更希望激发建设性的讨论。也许我的观点将被证明是错误的。但是，哪怕这些观点只有一部分是正确的，我们也不能掉以轻心，因为后果实在是我们无法承担的。

接下来，我们将跑步进入自动化社会，看看我们应该如何从体制上保护市场经济，让它继续发挥作用。

THE LIGHTS IN THE TUNNEL

第四章

过渡

TRANSITION

我们已经知道未来机器自动化有可能造成大范围的失业，这种威胁主要表现在两个方面：第一，淘汰众多传统工作，造成工厂、仓库、商店、办公室大量削减工作岗位。

第二，以自助式服务的形式加速入侵第三产业，自动取款机、自动结账通道、网上银行、自动电话应答系统都属于这种自助式服务。许多以往由专人提供的服务现在都可以由顾客自助完成了。今后，消费者将借助手机和移动设备越来越方便地获取所需服务和帮助。自助式服务也将出现在企业管理领域。新的自动化管理软件将帮助企业管理者完成原本需要招聘专人完成的各类分析工作。

如果这种威胁造成就业者（同时也是消费者）普遍对就

业前景失去了信心，局势就会失控，这势必会导致严重的经济衰退。我在第三章提出了一些缓解自动化冲击的建议，希望能推迟这一天的到来，但终究不是长远之计。永不停歇的科技进步和企业追求利益最大化的欲望必然会让越来越多的人失业。如果不改良现有的经济体系，它就无法继续发挥应有的作用。

本章将跑步进入未来世界。那时机器自动化将造成全球四分之三的工作岗位消失，而且几乎不可能有新的工作机会出现。换句话说，失业率将达到难以置信的75%。在这种情况下，经济繁荣还有可能实现吗，我们的文明还能延续吗？

如果我们能够设计出一种可以在如此极端的情况下正常运转的体系，那么我们应该也能想出从现有体系逐渐过渡到新体系的方法，从而保证在接下来数十年的自动化进程中经济形势依然保持稳定。为此，我们首先要看看市场经济有哪些基本要素。

市场经济的基础：激励

The Basis of the Free Market Economy: Incentives

市场经济激励着企业、投资者、劳动者（消费者）各自追求自身利益最大化，从而共同推进社会的繁荣和发展。市场经济理论认为，从整体效果上看，人们的自由行动会以最优的方式实现社会资源的配置，从而实现经济产出的最大化。这就是亚当·斯密所说的“看不见的手”。

我认为市场经济对市场参与者的激励可以分成以下三个方面：

1. 消费者追求性价比更高的产品和服务。消费者总是货比三家，没有人愿意多付钱或者买到劣质产品。

2. 企业和资本家竞相通过为消费者提供更高价值的产品和服务来实现利润最大化。为了实现该目标，他们不断创新，投入资源开发新产品和新服务。

3. 劳动者追求收入最大化。他们在能力范围内寻找报酬更高的工作。为了获得更高的报酬，他们接受教育和培训，同时也尽自己所能把手头的工作做到最好。

一直以来，这三种激励共同推动着社会经济的繁荣和发展。但是，如果机器取代了大部分普通人的工作，情况就会发生变化：我们会失去推动市场经济发展的根本动力——消费者。这是因为劳动者本身就是消费者。失去工作的消费者也就失去了可靠的收入来源。具有稳定消费能力的群体将不复存在。没有了市场需求的激励，企业也就失去了继续生产的动力，更不会投入资金进行创新了。

保护大众市场
Preserving the Market

如果大规模的机器自动化真的实现了，许多消费者就无法再通过工作获得收入。为了维持大众市场的正常运转，我们必须找到一种为消费者提供可靠收入的机制。这种提议很可能因其带有不劳而获的嫌疑而遭到许多人的反对，因为“多劳多得，少劳少得，不劳不得”是我们的基本价值观。以往，许多补贴机制（如失业保险和各种福利政策）一直受到不少人的质疑，就是因为它们违反了这种价值观，给人一种消极的印象，似乎有鼓励人们逃避工作的倾向。

但我们应该认识到，任何价值观的建立都是有前提条件的，如果基本前提发生变化，价值观就会随之改变。说到底，生存与发展是人类社会的第一要务，如果某种传统的价值观妨碍了人类的生存与发展，那么它就会自然而然地被人们放弃。例如，在进入现代社会之前，世界上许多地方都认为世袭的贵族制度是天经地义的事，而人人生而平等是大逆不道的想法。贵族制度存在的前提是落后的农耕经济和封建集权统治的等级观，商业社会出现后，它的存在妨碍平等自由贸易的发展，因而实质上已经被现代人放弃。

我们现有的价值观认为工作是获得消费权利的基本途径。这种价值观产生的历史背景是人类劳动是生产的必要条件。如果科技发展到生产无须人大量参与的程度，那么这种价值观是否也会改变呢？

如果机器自动化真的导致大范围失业，我认为我们的价值观也许会随之发生改变。如果这种情况真的发生了，我们很快就会发现：人们虽然可以不工作，但不能不消费（不仅指最基本的生活消费，也包括人们为了追求便利和精神需求的消费）。到那时，人们对“不劳而获”的情形会变得更加宽容，社会分配机制也将出现更多的可能性。

今天大众市场为我们提供的商品和服务已不仅仅是基本的生活必需品。各种层次的消费需求催生了种类繁多的产品和服务。如果要维持经济的繁荣和稳定，必须保证市场中存在大量有充足购买力的消费者，而且他们必须对未来的收入充满信心。

仅靠市场经济自身无论如何也无法解决全社会需求下降的问题。要维持稳定的市场需求就只能靠政府（以某种方式）为消费者提供收入。毋庸置疑，这种建议最初一定会遭到强烈的反对，但我认为暂时不可能找到其他的替代方案。而且我相信，假以时日，人们将接受这个方案，并且视其为政府的基本职能之一。

经济保守派和自由主义者首先会反对我的观点，他们认为政府所扮演的角色应该最小化，市场经济应该尽可能自由化，减少政府干预。尽管如此，只要这些人尚存一丝理智，就不太可能同意完全取消政府。因为市场经济自诞生以来就从来没有“绝对自由”过，它一直遵循着一定的规则，而政府承担着制定和维护规则的职能。政府除了保护国家安全，维护司法体系和执法力量外，还承担着维护市场经济运转的核心职能：保护私有财产所有权和公平交易权。没有政府的监督，市场经济不可能有效运转，文明社会将退化成弱肉强食的原始丛林。

既然政府本来就承担着保护和规范市场经济的职能，那么它自然有理由采取必要的措施来维持市场经济的繁荣和稳定。如果机器自动化导致大范围失业，威胁到经济繁荣和稳定，我认为“必要的措施”里就可以包括政府开始为消费者提供收入。

经济保守派倾向于强调生产的重要性，他们主张降低企业的税赋，尽量减少对企业的管制，认为这样才能刺激经济活力，提高就业率，并带动消费需求。这种策略曾经是有效的，那是因为平均来看，过去两三百年来全球总供给一直小于总需求。但是在新情况下（机器自动化导致大范围失业），这种做法很可能失效。因为从根本上说，市场需求才是经济发展的基本动力。没有一家企业会在没有需求的情况下提高产量。除非大部分人能够获得充足的收入，否则市场需求必定会萎缩。如果政府找不到一种有效的为公众提供收入的机制，市场经济将不可避免地瓦解。

“夺回”工资

Recapturing Wages

如何为失业的消费者提供稳定的收入呢？我们首先来看看是否有办法收回被机器自动化夺走的，本属于劳动者的工资。企业用机器代替员工工作后，原本支付给员工的工资不会凭空蒸发。事实上，这部分资金主要有两个去向：（1）一部分资金进入了企业所有者和企业管理者的口袋；（2）一部分资金以产品（或服务）降价的形式，让利给了消费者。

因此，政府可以通过两类税收收回这部分资金。第一，政府可以向企业征收更高的营业税和资本利得税，同时向富有阶层征收更高的累进所得税，从而收回流入企业所有者和企业管理者口袋的那部分资金。此外，还可以考虑毛利润税或者碳排放税之类的税收形式。第二，政府可以向消费者征收消费税，收回让利给消费者的一部分资金。这种消费税可以是简单的销售税*，也可以是欧洲非常流行的增值税。

富有阶层和企业所有者最初肯定会提出强烈抗议，但很

* 如果征收销售税，税额应该包含在商品价格里（类似于燃油税），而不能加到商品价格上（如美国各州之间的销售税）。

快他们就会妥协。因为他们面临的是一个非彼即此的局面：要么同意实施新的税收政策，将收入重新分配给消费者；要么市场需求急剧下降，企业纷纷倒闭。在自动化经济环境下，低税收政策和旺盛的市场需求将是水火不相容的。

我必须指出，我并不提倡征收过高的税赋。增加税收的目的只是收回被自动化“夺走”的工资，而不是剥削科技进步创造的所有价值。科技进步带来的好处远不止于解放人类的双手。即使是一家全自动化的工厂，它也能通过技术创新继续提高生产效率，降低生产成本。我们应该鼓励企业继续通过技术创新获利。为了阐明这个观点，请看表 4.1。

表 4.1　某产品（服务）的单位成本明细

	当前成本	未来成本（不征收新税）	未来成本（征收新税）
普通员工工资	40 美元	10 美元	10 美元
传统税收	15 美元	15 美元	15 美元
新增税收	0 美元	0 美元	30 美元
其他成本	45 美元	35 美元	35 美元
合计	100 美元	60 美元	90 美元

表 4.1 是某产品（服务）的单位成本明细，当前的成本是 100 美元，其中 40 美元用于支付普通员工的工资，15 美元用

于交税，还有 45 美元是其他成本*。实现自动化后，工资成本从 40 美元降到了 10 美元。另外，其他成本也下降了（从 45 美元降到了 35 美元）。其他成本下降的这 10 美元就是科技进步带来的效益。征收新税收的目的在于收回被机器自动化“夺走”的工资，而不涉及与工资无关的科技创新效益。在表的最后一列，我们通过征收新税收收回了原有的工资，但是企业仍然降低了生产成本（降低了 10 美元）。在实际操作上，我们不必对企业征收这么高的税，因为还可以向消费者征收消费税来收回一部分工资。

向消费者征收消费税有一点好处，它可以适当降低国内企业的税赋，这样国内企业生产的产品才不会在与进口产品的竞争中丧失价格优势。不过，征收消费税必须照顾低收入的群体，比如可以对生活必需品征收较低的税，而对奢侈品征收较高的税，同时采用新的个人累进所得税等。对于不同的产品或服务，还应该设置不同的消费税率。比如，劳动密集型服务因为已经向员工支付了较多的工资，税率可以相应降低，手工制作的产品也可以征收较低的消费税；而实现了高度自动化的服务，税率就应该相应升高。

我这里提出的仅仅是一个基本税收框架，具体实施之前

* 为简单起见，我的例子使用了单位成本。实际操作时，最好以工资成本占企业总营业额的百分比来进行计算。

还需要做大量的分析和比较工作，包括用计算机进行模拟计算。尽管如此，我必须指出最后实施的旨在收回工资的税收政策不可能尽善尽美，因为任何政策都不可能做到面面俱到。同时，我也知道政府的工作效率一向不高，而且常常大手大脚、铺张浪费。但是，考虑到政府是唯一能够对全社会征税的实体，因此暂时还找不到其他替代方案，只能对政府行为进行必要的监督。

我们必须设定一条重要的原则，即政府通过新税收政策收回的“工资”必须单独储备。这部分资金应该与维持政府日常运转的开支（来自常规税收）分开管理。做到这一点其实很简单，因为新税收应该立即分配给消费者，无需长期储备，也不能用于其他用途。另外，新成立的税收部门将逐步接手管理原来的失业保险、社会保险、医疗保险等社会福利，这有助于精简政府的核心职能部门，提高政府的工作效率。

工作的激励作用

Positive Aspects of Jobs

在未来的新经济政策中，通过税收形式收回消失的工资还不是最棘手的问题。最困难的是，如何公平有效地将这部分收入重新分配给消费者。要解决这个问题，我们必须深入分析工作对人们的激励作用。实际上，工作带给劳动者的绝不仅仅只有收入，它对个人和整个社会还有着更重要的激励作用：

- 工作以一种有益的方式占据了我们的时间。它赋予生活以目标和意义。
- 工作为人的晋升和发展的提供了希望。即使那些职位低微的人也希望通过工作获得更好的机会。对未来的憧憬既有利于稳定个人情绪，也有利于维持社会安定。社会因此变得更加和谐、有序。
- 工作激励人们继续接受教育和培训，或者以其他形式自我完善。在这个过程中，个人和社会将收获无法估量的间接益处。
- 最后，工作为人们的消费行为提供了心理保障。

如果我们要设计出一种新的、合理的、具有可持续性的收入分配机制，就必须设法保留这些激励因素。或者说，这些激励因素应该是我们制定新的收入分配机制的重要依据。当前的社会福利政策在这方面做得就很不够。由于缺少激励因素，这些福利项目既不能帮助人们实现自我提升，也不能帮助人们树立对未来的希望。相反，它们往往导致失业者意志消沉，得过且过。

收入差异的作用

The Power of Inequality

工作的激励作用与收入差异紧密相关。我曾提到贫富差异扩大不利于大众市场的繁荣与发展。现在我必须指出，平均主义同样会带来严重的问题。当前的福利保障政策采用的就是平均主义的做法。所有失业者领到的失业补助几乎相同，这让他们丧失了提升自我的动力和对未来的希望。

所以，我们要建立一种有差异（但公平）的收入分配机制，它将代替工作的激励作用。虽然表面上它分配给每个人的收入不一样，但是它为所有人提供平等的机会。这样大众才不会失去希望。总之，这种分配机制要能够有效地激励个人自我完善，从而促进整个社会的发展。

市场经济的软肋：负外部效应

Where the Free Market Fails: Externalities

虽然市场经济是已知的经济体系里效率最高的一个，但是它并不完美。市场经济最大的软肋在于它带来的负外部效应。负外部效应指的是企业和消费者的个体行为损害社会整体福利，却没有承担相应的成本的现象。

最典型的负外部效应的例子是工业污染。如果没有政府的监管，企业就会将有毒的废弃物直接排放到自然界中，而不必承担任何责任。市场经济鼓励企业降低成本，追求利润最大化，这导致具有环保意识的企业也不得不尽量压低处理废弃物的成本，否则它将失去竞争优势。因此，政府才颁布了有关有毒废弃物排放和保护环境的管理条例。

毫无疑问，未来数十年人类社会面临的最大的负外部效应是由无节制的碳排放导致的气候变化和温室效应。希望政府通过制定更严格的法规或增加税收来解决这个问题。

目前，各国政府通过制定相关的法律法规在处理企业层面的负外部效应方面取得了一定的成果，但是在处理消费者层面的负外部效应方面，政府还面临着许多困难。几十亿人每天的行为对自然环境有着极大的影响，这是一个世界性的难题。

假设你很关心自然环境，希望为保护自然环境出一份力。你一直在考虑卖掉家里的旧汽车，换一辆新型的混合动力汽车，但是等你计算成本后，就会发现这样做并不一定划算。虽然驾驶新型混合动力汽车可以省一些汽油费用，但是考虑到新车的价格和旧车的折旧费等因素，你付出的成本实际上增加了。于是你很可能在支持环保事业与积累个人财富之间举棋不定。

理智告诉我们，靠个人的自律意识来促进环保，效果通常有限。虽然媒体一直在宣传和鼓励人们选择乘坐公共交通出行，以及参加各种循环利用项目，但不可否认，这些活动只有在激励措施足够强劲时才能取得较好的效果。

另一方面，因为我们的收入与工作挂钩，所以我们每天早晨必须准时起床到公司上班。收入就是一种非常强的激励方式。如果人们的收入在一定程度上取决于他们的环保行为，会怎么样呢？显然，这将会大幅提高个体参与环保的积极性。

这种激励为我们制定新收入分配机制提供了灵感。比如，可以将个人的（部分）收入与其环保行为挂钩。一方面，失业的普通人将通过这种方式再次获得（部分）收入，只要激励方式设置合理（适当拉开收入差距），工作对个人的激励作用就得到了保留；另一方面，环境污染问题也得到了缓解。这样做可谓一箭双雕。

虽然设计一种替代传统收入分配机制的方案存在风险，但这件事同时也带来了机遇。只要设计得当，新的收入分配机制将在一定程度上缓解市场经济带来的负外部效应（比如缓解环境问题）*。

---

* 有人也许会反对这种做法。不过别忘了，新的收入分配机制中的各种激励措施并不是强制性的。虽然机器自动化有可能让大多数人失业，但工作不会完全消失。未来，那些仍然在工作，并且有稳定收入来源的人并不需要依靠政府的激励生活。

“虚拟”工作
Creating a Virtual Job

我们刚才已经分析过了，从工作的社会作用上看，工作可以看成是一套激励因素。人们在这套激励因素的推动下完成各种各样的任务。如果未来不再需要大多数人来完成这些任务，我们就有必要创造“虚拟”工作，这样普通人才不会彷徨无措，失去生活的目标。换句话说，未来许多人将按照我们设定的这些激励机制“工作”并继续获得收入，但是他们的“工作”并不一定会产生传统意义上的商业成果。

新的分配机制不能搞平均主义，个人收入的多少仍然取决于他们的“工作表现”或“工作业绩”。这样才能促进个人和社会的发展。同时，消费者也将获得稳定的收入来源，从而让市场经济继续运转，进而维持长久的繁荣。

随之而来的问题是这套激励因素应该包含哪些内容，以及由谁来设定？新的激励因素既要保留传统工作的积极作用，又要考虑如何缓解让市场经济头痛的负外部效应。我认为它至少应该包括如下几个方面：

鼓励教育

未来决定收入的最重要因素应该是受教育程度。受教育程度越高的人收入也应该越高。受过良好教育的民众对于社会有着诸多益处，比如较低的犯罪率、更高的公民参与度、艺术文化更加繁荣等。此外，如果传统工作大幅减少，受过良好教育的人更容易找到新的实现人生价值的途径。

机器自动化取代大多数传统工作后，我们仍然需要少数掌握必要知识和技能，并且具备创新精神的人继续推动科技进步和经济发展。只有提高全民教育水平，才能保证在未来培养出更多的这样的人才，从而保证持续的经济繁荣和社会发展。

鼓励受教育并不是让人们追求更高的学历，而是鼓励人们定期获取新知识。最近的研究结果表明定期阅读的美国人越来越少，许多美国人甚至缺少基本的常识。美国国家科学基金会的调查结果表明，有 20%的美国人竟然认为太阳是在围绕地球转。此外，许多美国人很难在世界地图上找到伊拉克和阿富汗这两个国家，哪怕我们已经在那里打了这么长时间的仗。

另外，有证据表明，虽然互联网提供了非常便利的获取信息的渠道，但是不少年轻人无法真正吸收这些信息。许多人的知识不是记在自己的大脑里，而是存在互联网上，这种现象值得我们警惕。收入激励也许可以与每个人学习和理解的新知识挂钩，而未来的人工智能算法应该可以轻松测试每个人近期是否学习和理解了新的知识。

鼓励参加社会活动

第二项激励措施是鼓励人们参与社会活动，促进社会和谐和文化发展。在现有的市场经济环境下，大多数人忙于自己的工作和事业，无暇顾及社会活动和公益活动。有些读者可能没有太深的体会，我讲一个故事来说明这件事。

2006 年 11 月 22 日，马萨诸塞州丹佛镇一家小型化工厂发生猛烈爆炸，摧毁了附近多家民宅。事故起因是工人下班前忘了关闭蒸汽加热阀，导致易燃溶剂被蒸汽长时间加热，沸腾蒸发后充满了不通风的车间，最终发生了爆炸。

这家小型化工企业多年来一直在存储和使用易燃溶剂，但是几十年来，当地居民并不知情，因此人们对潜在的危险毫无防备。附近的消防队压根就没料到这家工厂会发生爆炸。

公众对居住地附近的安全隐患一无所知的情况在美国是一件很少见的事，因为早在 1986 年，联邦政府就通过了应急计划与居民知情权法案，该法案规定居民有权利和义务知道所居住城镇存在哪些安全隐患。为了鼓励居民参与发现安全隐患，法案还要求所有城镇成立地方应急计划委员会（LEPC），委员会主要由居民和政府官员组成，其作用是发现并讨论所在城镇可能存在的安全隐患，制订相应的应急计划并公之于众。

然而，由于当地民众参与热情不高，丹佛镇的应急计划委员会已经多年没有活动了，以致公众对这家小型化工厂的潜在危险毫无防备。

如果我们的新激励机制以适当的方式鼓励人们参加社会活动，比如为城市的应急计划委员会（LEPC）提供信息、出谋划策，像丹佛镇这样居民对安全隐患一无所知的情况就不会再发生了。因此，我建议在新的收入分配机制里包含鼓励人们参加社会活动的因素。

保护新闻行业

新的收入激励政策还应该适当向新闻行业倾斜。美国宪法的起草者早就认识到新闻自由可以监督政府行使职权，保护公民自由，因此他们极力保护新闻媒体不受到政府专制的侵害。

然而，制宪者没有料到，今天威胁传统新闻行业的不是政府，而是互联网。从 2008 年开始，美国国内有 28 家大型报纸受到互联网冲击，发行量大幅下降。

以《华盛顿邮报》为例，《华盛顿邮报》是美国华盛顿哥伦比亚特区最大、最古老的报纸。20 世纪 70 年代初《华盛顿邮报》揭露“水门”事件，迫使理查德·尼克松总统辞职，从而获得了极高的国际威望。

《华盛顿邮报》的日发行量曾高达 78 万份，是美国第五受欢迎的日报。周末版的发行量曾高达 82.2 万份，位列美国最受欢迎周末版报纸第三位。在过去四五十年间，《华盛顿邮报》甚至一直被赋予特权，可以报道白宫和国会山的有关国家政治和政府的新闻。

然而随着互联网新媒体的崛起，该报的发行量逐年下降。2013 年上半年，《华盛顿邮报》的日发行量已经跌至 45 万份，营业收入减少约四分之一。2013 年 8 月，《华盛顿邮报》被电子商务公司亚马逊的创始人杰弗里·贝索斯以个人名义收购。

美国最有影响力的报社，如《洛杉矶时报》《纽约时报》《华尔街日报》等也面临着同样的威胁。

以往美国一个城市往往有好几家传统报社，现在许多城市和地区都只剩下一家报社了。在旧金山，存活下来的唯一一家主流报纸现在也岌岌可危。由于新闻行业不景气，众多记者纷纷离职，转投编剧等其他行业。

保护地方性的新闻出版单位势在必行，这对于维护和促进社会民主至关重要。我们的新激励方案可以对那些从事新闻工作的人提供适当的援助和鼓励，从而保护新闻行业的长足发展。

保护环境

最后，正如我前面提到的，新的收入激励政策还要考虑保护自然环境。对那些为环保做出贡献的个人应该予以适当奖励。政府还可以用这种方式加大对环保组织的支持力度，比如从新税收中拿出资金对有突出贡献的环保组织给予额外的奖励。

如前所述，收入是一种很强的激励方式，将个人收入与其环保行为直接挂钩，可以有效地培养大众的环保习惯，使环保真正变成我们日常生活和文化的一部分。只有大幅度提高人们参与环保的意识和积极性，才能从根本上减少人类对地球的污染。

激励组织
The Incentive Organization

应该由谁来负责设定这些激励因素以及相应的激励措施呢？我的建议是首先成立一个独立的机构来制定各种激励政策。如果我们不希望未来的激励方案受到特殊利益集团的影响，成立一个独立机构是一个不错的选择，比如叫“国家激励政策委员会”。该机构负责制定激励方案。委员会由专家组成，目标是像美联储随时根据市场状态调控利率一样调整激励政策。

然后，成立一家准私营化的企业，按市场运作方式来管理和分配新的税收。这家准私营化企业是公司实体，其收益取决于国家的整体经济表现。说它是“准私有”是因为我们应该对它设定比一般企业更严格的要求和监管措施，包括全透明化运作，限制某些商业行为（比如是否可以发行股票等）。还有一点非常重要，该企业应该按照国家激励政策委员会设定的激励政策来运作，而不能受某个人或某些利益集团的影响。最后，通过一系列可量化指标来衡量其业绩，例如经济增长速度、环保指标、国民平均受教育程度等等。该企业虽然不由国家激励政策委员会管理和运营，但是接受国家激励政策委员会的监管和指导。

降低经济风险

Reducing Economic Risk

新的收入分配政策从一定程度上实现了大众收入与企业营收的分离，这有助于缓解经济衰退，因为失业不再会导致消费总量的大幅下降。这种转变将使得我们的经济体系变得更加稳健，在面对不可预期的经济冲击时更加安全。

我在第二章提到快速发展的科技增加了金融市场的动荡风险（例如 2007 年的次贷危机）。为了避免重蹈覆辙，政府已经加强了对金融市场的管控和监管。然而，科技进步带来的冲击不仅仅针对金融市场，它同样威胁着全球经济。

未来各国的经济模式必然会向着更加稳健的方向转变，而保护普通民众的基本消费能力无疑是其中最关键的一环。我认为，只要政府有办法保护普通民众的基本消费能力，就有办法轻易化解任何规模的经济危机。

未来的市场经济

The Market Economy of the Future

我提出的新收入分配方案建议通过特殊的税收重新收回被自动化“夺走”的收入，然后由政府将这些收入按照各种激励因素重新分配给普通大众。有些保守的读者会激烈地反对我的提议。他们会说，这不是罗宾汉式的劫富济贫吗？这不是搞社会主义吗？难道要掠夺那些努力创业的人，然后将财富白白送给终日无所事事的懒汉？

我必须指出这绝不是我的初衷。但是我们不妨设身处地想象一下，如果你开办了一家小型企业，而全社会的失业率达到了 95%，你的企业要如何才能生存下去？

表面上看，新政策加重了企业的税收负担，但是别忘了，我们的前提是机器自动化取代了大量工人的工作，从而降低了企业的生产成本。新政策只是要求企业将目前支付给员工的工资以税收的方式上交给政府，这样消费者才有收入购买企业的产品和服务。也许有些人会说他们现在也不想给员工发工资，但那就不是我们要讨论的问题了。

我们必须找到一种将收入重新分配给大量的消费者的方式，否则市场需求将无法维持，更无法继续增长。未来，人们获得收入并不一定非要从事传统的工作，因为在大规模的机器自动化普及后，许多工作就可以交给机器去完成了。目前，许多人无所事事恰恰是因为他们既没有能力完成现有的工作，又没有机会和途径参加就业培训和学习深造。企业为了赢利，设置了各种门槛把这些人拒之门外，因为企业不愿意从零开始培养员工，那样做成本太高。而我们的新收入分配政策首先就鼓励人们通过接受教育和学习新知识来获取收入。我希望未来人们只要做出一些力所能及并且有益于他人的行为就可以获得收入。

如果政府不采取任何干预措施，任由市场自由发展，那么不断蔓延的机器自动化将使得社会收入高度集中化。想象我们的社会中 95%的人口极其贫困，只能勉强糊口，几乎没有可支配的收入，而剩下 5%的人口却几乎占有了全社会的收入。在这样的情况下，所有的企业都会破产，最后连这 5%

的富裕阶层也不能幸免。

这显然是一个极端的例子。实际情况是，经济衰退早在社会收入高度集中化之前就会显现出来，同时伴随着社会资产不断缩水。无论如何，富裕阶层是无法通过其阶层内部的交易继续维持高额收入的。

只要我们维持现有的消费群体（至少能保护他们的基本消费能力），就保存了推动自由市场经济不断发展的关键因素。未来，开创新企业和开发新产品仍然可以给人们带来巨大的财富。许多商业分析师相信未来的企业将更注重小众市场，更多的企业会针对小众客户生产和销售定制产品。凭借不断发展的科技（比如网络技术和 3D 打印技术），企业能够非常方便地为这些小众客户提供高度个性化的产品和服务。这将会为新兴的企业家和小企业创造大量的机会。同时，大型企业也将能够更有针对性地销售数量庞大且种类丰富的产品。

不过很显然，想要培育充满生机的各类小众市场，必须保证消费群体的健康发展和不断壮大。为了给未来的企业家提供一个肥沃的创业土壤，我们必须保证那些因机器自动化失去工作的普通消费者拥有稳定和可靠的收入来源。

以互联网公司谷歌的商业模式为例。谷歌依靠精准定位的网络广告获利，谷歌的客户相信在谷歌的系统上投放的广告能够吸引足够的消费者。今天，这些消费者几乎都是依靠工作获得收入的。如果未来有消费能力的消费群体大量消失，广告商将不再有兴趣投放广告，谷歌的商业模式必然会受到威胁。

历史经验表明，我们当中只有极少数人具有创办和经营企业的能力、精神、资金和运气。这一现实不会改变，大多数普通人注定只会购买产品和服务，而不会成为生产商和服务商。未来，企业所有者会发现员工工资仅占企业运营成本的很小一部分。如果他们不愿意缴纳更高的税额，那么大众市场将失去活力，而企业制造的产品和提供的服务也将无法被市场消化。

国际视野

An International View

也许有人会反对我的观点，他们的理由是：如果美国大幅提高企业税收，那么我们的产品在国际市场上的竞争力就会被削弱，美国能够吸引到的海外投资也将减少。的确，这样做会给出口产品带来问题。我的解决方案是多征收消费税，少征收企业税。

目前，美国的制造业已经大部分转移到海外，就业逐渐转向以服务业为主。如果服务行业也出现机器自动化，那么未来美国面临的主要风险不是海外竞争，而是机器自动化。

从长远看，机器自动化必将席卷全球，即使是工资水平较低的发展中国家也无法回避这种趋势。正如我在第三章指出的，未来企业在选择投资地点时考虑的因素将发生变化。企业考虑的主要因素将包括当地的政治稳定性、交通运输与能源成本，以及当地是否有可持续发展的消费市场。

我们不难推测机器自动化将在很多方面重新定义全球贸易的性质。当前，国际贸易主要是能源和农业资源的交易（例如石油或红酒），这些产品的劳动力成本普遍较高。如果某国的工资水平较低，或者拥有大量技术熟练的工人，那么它就能够享受贸易优势。可是，等到机器自动化普及以后，劳动力成本就变得不那么重要了，低劳动力成本的贸易优势也将荡然无存。

各国政府吸引企业投资的目的主要有两方面：一是解决就业，二是增加税收。如果机器自动化真的导致大面积失业，那么增加税收就变得势在必行了。到那时，国家之间可能会进一步加强合作。我们无法预期向新模式的过渡是否会一帆风顺，但大家努力的方向应该是一致的。

向新模式过渡
Transitioning to the New Model

如果未来政府真的要通过征税的方式将收入重新分配给消费者，那么现在就要考虑如何向这一新的模式转变。当前，我们的经济仍然高度依赖人类劳动，所以首先要考虑的是如何避免转型过程中出现消极因素。换句话说，我们不希望社会上出现人们逃避工作，只想获得政府救济的现象。

有许多种办法实现这种转型，我这里提出一种简单的建议：采用多人共同分担工作的方法。根据不同的职业性质，这种方法的形式也不尽相同。对那些可以轮流完成的工作，可以把一天的工作时间分成几个时段，让多位工人接力完成，这样每个人都有工作，而且降低了工作强度。对那些无法按时间拆分的工作，可以采用循环工作制。每个人可以按月或者按年轮流参与一项工作。这样每个人可以在一年中不同的时间享受假期，同时又能共同完成一项工作。

除了通过传统工作获得收入，普通劳动者还能享受政府提供的基于激励因素的收入。随着自动化的普及，更多的工作将会消失，这种辅助性的收入占总收入的比例也会逐步增加。

大型企业可以在企业内部实现轮流工作制，而小型企业也许需要与其他企业合作，这样工人就能在多家企业之间流转。很显然，企业最初一定会抵制这样的做法，因为实施起来难度不小。企业的管理成本增加了，却得不到实际利益。为了鼓励企业采用这种分工流转方式，政府需要制定相应的政策和激励措施。比如对采用分工流转方式的企业减免工资税或其他税收，发放特殊津贴等。

如果这种分工流转的方式能逐渐推广开，那么我们就有可能相对平滑地实现转型，迎接大规模的机器自动化。随着机器自动化的普及，传统工资收入会相应减少，但是社会生产效率应该会进一步提高，政府提供的激励性收入也将逐步增加。在这种微妙的平衡下，市场需求才有望保持稳定，并实现增长。

新模式除了能够维持消费需求这一主要经济目标之外，还能对社会产生很多积极影响。人们将拥有更多的时间接受教育，陪伴家人，关注个人健康。稳定的收入、良好的教育加上更多的闲暇时间会催生多样化的、深层次的消费需求。人们对新产品和新服务的需求将更加旺盛，经济因而能够保持长期的繁荣和发展。当激励收入超过传统工资后，人们将更乐于做出有利于保护环境的举动，这将对未来的气候问题和其他环境问题产生积极的影响。

凯恩斯的后代

Keynesian Grandchildren

当代似乎很少有经济学家担心机器自动化大规模普及带来的问题，然而早在八十多年前，一位著名的经济学家就曾对此提出了自己的真知灼见。

1930 年，当世界经济陷入大萧条时，约翰·梅纳德·凯恩斯（John Maynard Keynes）写了一篇题为“我们后代的经济前景”（Economic Possibilities for our Grandchildren）的文章，他在文章中创造了一个新的词汇：技术性失业。原文部分摘抄如下：

一种新的“疾病”正在悄悄蔓延，也许有些读者还没有听说过它的名字，不过今后几十年他们将频繁听到这个词，那就是“技术性失业”。这个词的意思是，我们寻求节省劳动力的速度超过为劳动力提供新的就业机会的速度所导致的失业*。

---

* 经济学家在讨论 1929 年经济大萧条产生的原因时，都把重点放在美联储的货币政策上。的确，美联储的限制性政策延长了大萧条的时间，使普通的经济衰退演变成了一场灾难。可是我们不应该忘记当时人们普遍认为凯恩斯所说的技术性失业（以及之后暴跌的消费需求）也扮演了重要的角色。甚至连 1933 年访问美国的阿尔伯特·爱因斯坦（被问及对大萧条产生原因的看法时）也表达了同样的观点。

凯恩斯认为 1930 年的技术性失业只是短暂现象，经济复苏将容纳富余的劳动力。他写这篇文章主要目的是预测未来的经济前景。凯恩斯对未来的经济发展有着非常乐观的看法，他预测在之后的一百年中（换句话说，在 2030 年之前），发达国家的经济将迅猛发展。他指出未来经济将像银行账户的复利（compound interest）一样迅速增长，社会将变得更加富裕。

同时，凯恩斯还明确地指出科技进步将逐步降低企业对人类劳动力的需求。他认为我们将进入一个崭新的“休闲时代”，不过他也担心人们可能会因为不用工作而失去生活的目标和方向。因此，他预测我们需要把工作分摊到所有人的头上，好比“把黄油尽量薄地抹在每片面包上”，将需要完成的工作分配给尽量多的人。他建议采用 3 小时的轮班制，或者规定每周只工作 15 小时，这样普通人才不会因为无事可做而对生活失去兴趣。

凯恩斯预测未来一百年的经济发展前景是一件非常有难度的事情。今天的经济学家（或者股市操盘手）哪一个敢拍着胸脯大胆预测甚至未来六个月内的经济状况？我个人认为凯恩斯的预测在很多方面都有先见之明。尤其是他指出了科技进步不会停止，它最终将使得经济发展所需的人类劳动大幅降低。这一点很可能在接下来的数十年得到证实。另外，我也同意他提出的共同分担工作的建议，只不过在具体实施过程中，我们还应该注意以下三点，才能实现向新经济的平稳过渡。

第一，政府应该主动参与实施全社会的工作分担和轮岗；第二，解除医疗保险及其他社会保障与就业的绑定关系；第三，为民众提供激励性收入，弥补就业收入。我已经说明这些收入应该基于激励因素发放，而不能平均分配。这些激励因素，尤其继续教育，至少能够部分解决凯恩斯担心的人们因拥有过多空闲时间，缺少人生目标带来的问题。

隧道里的过渡

Transition in the Tunnel

现在让我们回到隧道里，将模拟时间倒回到自动化开始蔓延之前，看看我们的过渡策略会产生什么样的效果。

与之前一样，我们逐步让机器自动化取代隧道中普通人的工作。拥有这些工作的普通光点逐渐变暗，有些将会完全消失。

不过我们注意到隧道中发生了一些新的变化，有一些绿色的光点出现了。接着，越来越多的光点出现了变绿的倾向。虽然隧道中的光点的总亮度基本保持不变，但整体颜色正从白色向绿色转变。有些光点快速从白色变成了绿色，有一些变得比较缓慢，更多的光点则出现了左右摇摆的现象。

原来的白色光点代表从传统工作获得收入的消费者，而绿色光点代表那些获得了政府发放的激励性收入的消费者，他们的购买力（即亮度）因此得以维持。左右摇摆的光点是因为参与了共同分担工作，工作期间拿工资，因而是白色，而休息期间拿激励性收入，因而是绿色。这个变色过程也许会持续较长的时间。

最初，绿色光点仅占据隧道中的很小一部分，因为多数人依然从事传统职业。但只要长时间观察隧道中的变化，就会发现绿色光点的数量在持续增加。同样的，如果注意观察某一个光点，就会发现它正从白色逐渐转变为绿色。最终，绿色将占据主导地位。

当我们饶有兴致地观察光点的颜色变化时，隧道的其他方面并没有发生任何改变。隧道中的光点仍然时不时与墙壁上的屏幕接触，这代表消费者仍然在购买产品和服务。隧道中的屏幕一视同仁地接待着所有的光点，无论它们是白色还是绿色。和以前一样，效率低下的企业会被淘汰，而新的企业会不断涌现。

在众多的光点中，仍然有不少光点闪烁着耀眼的光芒。这些是隧道中的富有阶层（企业所有者和管理者）。虽然他们要缴纳高额的税费，但得益于大众市场的繁荣，他们的企业和财富得以维持。

总而言之，隧道中又恢复了往日的稳定和繁荣。随着隧道内遍布的光点逐渐由白变绿，我们发现隧道的整体亮度也增强了。虽然普通人的工作不断地被机器自动化取代，但我们成功地保护了自由市场，推动了经济的持续发展。

THE LIGHTS IN THE TUNNEL

第五章
绿光

THE GREEN LIGHT

在第四章，我提出了一种拯救市场经济的机制，以便在机器自动化无情地剥夺了普通人的工作和收入后，它依然能继续运转。我的主要观点是以新税收的形式收回被夺走的工资，然后发还给消费者，以便消费者有足够的消费能力让市场经济正常运转。

这种提倡不劳而获的建议在目前看来显然有些难以让人接受。不过，我们不要忘了任何建议都有其前提条件。我的建议之所以不容易让人接受，那是因为其前提——机器自动化造成全世界大面积失业，人类劳动不再是生产的必要条件——还没有实际发生。一旦我所预言的情况真的发生了，人们很快就会转变观念。说到底，普通人可以不工作，但是不能不消费。历史告诉我们，在任何情况下，生存永远是第一要务。为了生存，我们在面对战争、灾难、危机时一定会采取一些非常规的手段。如果为了恢复经济我们可以接受罗斯福新政*，那么当机器危机爆发时，人们接受我的建议恐怕也不是什么难事。

保证民众的基本生存只是第一步。为了维持社会稳定，我们必须让大量失业人口有事可做。社会容纳过多闲散人员是一种很危险的情况，必须设法让他们做一些有价值的事情。我们可以通过设置相应的激励措施，提供一种公平的竞争环境，不但维持大众的消费能力，而且引导人们改变自己行为方式，从而让他们既完善自身又造福社会。这种激励制度还将解决如何分配新税收的问题，可谓一石二鸟。

鼓励人们通过奋斗来实现自己的目标，让自己过上更好的生活，使人们对未来充满希望，无论对于个人还是社会来说都是有益的。它可以有效避免人们因生活没有希望和动力而陷入穷困潦倒的恶性循环中，避免底层社会的膨胀引发巨大的社会问题。

本章将继续发挥想象力，对未来进行更加彻底的构想。

---

* 1933 年富兰克林·罗斯福任美国总统后实行的一系列经济政策。新政增加政府对经济直接或间接干预，缓解了大萧条带来的经济危机与社会矛盾。罗斯福新政与我的建议确有某些相似之处，比如：给减耕减产的农户发放经济补贴；建立急救救济署，为人民发放救济金等。

假设我的设想已经进行了一段时间，传统的工业化国家持续发展，新兴的经济体不断涌现，发达国家的普通人已经不需要全职工作，大多数消费者可以通过新的激励政策得到可观的收入。每个人都可以根据自己的兴趣爱好和能力接受进一步的教育，参与社会活动，并且根据保护环境的原则来规范自己的日常生活与行为，因为他们知道这样做可以给他们带来更丰厚的收入，提高生活水平。普通人有了足够的收入，并对未来充满信心，无论消费者的购买力还是总体经济形势都将持续增长。

虽然大多数人只做兼职，或压根就不工作，但还是有人人会选择继续工作。对这些人来说，工作不再是一种获得物质报酬的手段，而变成了一种精神需求。当工作不再是谋生的必须手段后，人的创造力将得到极大的解放。会有越来越多的人从事数学研究和科学实验，也会有更多的人选择从事艺术、文学创作，还有人会选择进行历史和考古研究。人们也会有更多的时间用来欣赏这类工作成果和作品。科学家、艺术家、作家、学者、艺人将有机会获得更高的收入。还会有更多的人选择从事各种公益慈善事业。

我们将有希望像古希腊社会一样，让科学、艺术、文学、哲学、科学、法律、政治得到空前的发展和繁荣，这将是自 14 世纪以来西方人一直向往的文艺复兴。

当然，仍然会有一部分具有商业天赋和能力的人致力于商业创新。有雄心壮志的人仍然可以在商业上大有作为。但是纯粹为了积累财富的创业活动将会减少，而且也很难再激起人们的兴趣。越来越多的企业将会把为人类创造福祉作为目标。

总之，新的激励政策将培育出更加健壮的消费市场。那些有才能、有抱负的人依然有机会变得很富裕，同时获得精神上的满足。

不过，这种繁荣很可能只是出现在传统的发达国家和新崛起的经济体里，我们还要思考如何把这个新的系统扩展到世界上最贫穷的国家和地区。

消灭贫穷
Attacking Poverty

我们都知道世界上大多数财富掌握在少数人手中，这是一个不公平的现实，也知道这种不公平是造成暴力冲突、恐怖活动和许多国家政治动荡的重要原因。几十年来，经济学家们一直致力于找到可以帮助落后国家和地区走上繁荣之路的方法，但极少有能见效的。

要找到一种资助发展中国家并保证其可持续发展的项目

是极其困难的。最普遍的原因是当地政府官员的腐败。这些人通常都以维护自身利益（财富和权力）为重，而不考虑国家的利益。另外，这类资助项目对个人的激励也存在问题。参与这些资助项目的当地人大多都是为了获得报酬而工作，他们为利益所驱动，一旦资助资金耗尽，项目也就中止了。所以这种资助项目只能起到短期效果。想通过这种短线资助来刺激贫困国家和地区的经济建设，实现经济的持续发展进而改善整体经济面貌是不太现实的。

解决发展中国家贫困问题的第二个难题是由此所造成的环境破坏。许多发展中国家为了摆脱贫困迅速拥抱了工业化，从而造成自然资源在短期内被大量开采，自然环境遭到破坏。从长远看，这样做很可能造成全球性的大灾难，恐怕是得不偿失的。我们的地球无法承受数十亿人以发展工业为目的而大量开采能源和其他自然资源。

我认为，只要实现机器自动化的技术条件成熟，我们就有办法解决第三世界国家的贫困问题。在贫困国家逐步推广我提出的激励政策（分配政策）将帮助这些国家的人民最终摆脱困境。一开始激励的金额会比较低，而且以鼓励大家节约资源、保护环境为主。这样做的目的是首先打破环境污染与经济恶化的恶性循环。

显然，这需要各个国家的高度配合，也许还需要设立一个制定标准并帮助各个国家设计激励政策的国际机构。某些国家一开始可能会拒绝加入，但是经过一段时间后，如果这种模式被证明是切实有效的，那么我相信大多数国家都会要求加入。

有些人会反对我的提议，他们认为这种广发福利的做法会导致严重的通货膨胀。我承认在目前的条件下，这样做确实会引发通货膨胀，但是在机器自动化普及以后，情况就很不一样了。我们先来看看为什么在目前的情况下不能在贫困国家实施这种激励政策。

假设我们今天就开始在贫困国家实施激励政策。我们要做的其实是为这些国家的穷人提供收入。钱从哪里来呢？各国政府可以借钱，或者干脆多印点钞票。一旦老百姓拿到这些钱，他们就会开始消费。当地企业为了满足这股增长的需求自然会提高产量，这就需要雇用更多的人来加快生产。我们不难想象，熟练的技术工人很快就会变得短缺，他们的工资也会随之提高。很快，整个社会的生产能力和提供服务的能力就落后于消费能力了，这必然会造成严重的通货膨胀：所有紧俏商品的价格就会升高，这些新钱就会贬值。情况可能会比我们想象的更糟糕。

但是如果机器自动化普遍实现了呢？那么劳动力短缺问题就大大缓解了，企业要提高产量就不再需要大量雇用新工人了。到那时，企业只需要投入资金购买机器，就能成倍地提高产量。虽然实施激励政策后，整体消费需求仍然会出现大幅增长，但是由于社会生产力可以轻松满足这些需求，就不会再因为产能不足而出现前面提到严重通货膨胀了。

所有的企业都盼望有这样一天：只需要投入资金购买设备，或者引进新技术就能提高产量，而旺盛的市场需求可以轻易消化生产出来的产品。这种情况会极大地激发人们创业的积极性。如果某个第三世界国家出现了这样的情况，那它想不脱贫都困难。

高度自动化的经济体具有很强的可扩展性，换句话说，它可以迅速提高产量满足随时可能增长的市场需求。

钱之所以有价值是因为它能用来交换实际的产品和服务。目前社会生产力有限，所生产的产品和提供的服务也有限，如果政府发行了过多的货币，钱就会贬值。因此可以说钱的价值是与社会整体生产力紧密相关的。在当前的条件下，生产产品和提供服务仍然需要人的参与，而劳动力的变化是比较平缓的，它无法在短期内迅速增长，因此各国的货币发行政策是受限于国内生产力的。

未来如果机器自动化普遍实现了，社会生产力不再受劳动力的限制，那么情况就有可能出现反转。到那时，社会的整体生产力很可能是我们今天无法企及的。我们可以推测，如果我们继续延用现在的货币供应政策，那么社会生产力很可能会反过来受到货币供应量的限制，出现通货紧缩。

如果未来社会生产力真的达到了史无前例的高度。就需要一种相对宽松的货币政策。中央银行将不得不改变供应货币的策略，随时准备提高货币的供应量，否则社会生产力很可能会受到不必要的限制。而这将成为反对某些极端自由主义者提倡的我们应该回归金本位体制的有力论据。

当然，在用激励政策帮助第三世界国家脱贫这个问题上，我只考虑了劳动力短缺这一个方面。这样做是为了便于讨论。实际上，制约第三世界国家经济发展的除了劳动力短缺，还有能源短缺和资源短缺。因此，就算劳动力短缺的问题解决了，我们也不能说所有可能引起通货膨胀的因素都消失了。然而，我必须指出后面这两种短缺不是我们的激励政策所特有的，换句话说，如果我们用传统的发展工业和创造就业机会的方式来解决贫困问题，那么依然会受限于自然资源和能源的短缺。

虽然我们目前仍然没有解决资源短缺和能源短缺问题的有效办法，但是我认为随着科技的发展，这两个问题都会找到解决途径。

为了让这个想法更加具体化，我们可以发挥更大的想象力，思考在遥远的未来科技所能带来的经济影响。

基本经济限制

Fundamental Economic Constraints

既然全球几十亿人都有物质需求，而且还有那么多人生活在贫困线以下，过着衣不遮体、食不果腹的生活，为什么我们目前不能无限制地进行生产呢？为什么我们不能简单地提高产量呢？显然，出现这种尴尬的局面是因为有某些东西限制了我们的生产能力。为了帮助大家更清楚地展望未来的经济情况，让我们来看看目前有哪些基本要素限制了全球的生产活动。

1. 劳动力

目前，人类劳动力仍然是全球经济中最重要的生产要素。劳动者的数量、劳动者拥有的技能，以及雇用他们的费用都限制了经济的产出。但我认为随着机器自动化的发展，这种限制将逐渐弱化。

2. 能源、土地等自然资源

显然，有限的能源、原材料、土地、水资源也限制了社会生产力。同时，我们还必须考虑生产给环境造成的负面影响，包括有毒物质污染、公共资源的过度使用，以及二氧化碳排放造成的气候变化和温室效应。如果我们希望给子孙后代留下一个健康的地球、一个适宜生存的环境，就不能不谨慎地使用这些能源和资源。

3. 技术

生产同时还受限于生产的技术水平和生产设备的状况。先进的技术和设备不但可以减少劳动力的使用，还能节约能源和资源。而且我相信随着技术的发展，机器最终将成为独立的劳动力。到那时，机器将不再是供工人使用的工具，而是自动化的生产者。

4. 消费需求

在市场经济条件下，消费需求也限制了社会生产力。这里所说的消费需求是经济学意义上的消费需求，即需要某种产品或服务，同时愿意且有能力为此支付一定的费用。除非有实实在在的消费需求，或者预计未来将会出现某种合理的市场需求，否则没有哪家企业愿意投入资金进行生产。正如我前面提到的，消费需求是市场经济最重要的资源，而供需关系是资本主义经济最基本的特性。

以上这四种要素是目前限制全球生产力的主要因素，未来的经济如何发展，也将取决于它们的变化。

消除限制

Removing the Constraints

我们列出了四种限制社会生产的要素，现在让我们来做一个思维实验。想象一下，如果科技不断进步，在遥远的未来，哪些限制会减弱，甚至消失。

本书的观点是机器会变得越来越自动化，未来对人类劳动力的需求将越来越小。所以，我们先把劳动力的限制放在一边。于是，我们的限制清单就变成了这样：

1. 能源、土地等自然资源

2. 技术

3. 消费需求

现在，我们想象未来出现了新型的清洁能源，比如：成功地从太阳或核聚变中获取接近无限的能源，而且使用能源的成本以及给环境带来的负面影响可以忽略不计；先进的纳米技术实现了分子水平上的材料制作，允许我们用廉价的原材料制造先进的材料，同时能够高效地实现废品和旧材料的回收改造和再利用。也就是说生产对环境造成的负面影响将降到最低，而这一切并非没有可能。

于是，我们的限制条件又进一步减少了。

1. 技术

2. 消费需求

再想象一下，资源和能源的限制消失后，技术将继续加速发展，直到我们可以毫不费力地建造新机器。到那时，技术也将变得近乎免费。

于是，我们的清单就只剩一条了。

1. 消费需求

现在，我们发现无法去掉这最后一条限制了，因为消费需求是市场经济的基础，如果我们连这一条限制也去掉，使得生产的目的变成满足非消费需求（也就是说人们花钱买的都不是他们需要的东西)，那么我们所面对的就不再是市场经济了。

根据我们的想象，随着时间的流逝，如果技术进步真的有可能消除前面三个限制条件，那么最后留下的限制就只有消费需求。消费需求源自人的本能，只要有人就有潜在需求。这个思维实验的目的是让我们看清什么东西是最重要的。除了消费需求以外，其他的限制都有可能消失。

向消费进化

The Evolution toward Consumption

以往，评价一个人的社会经济贡献主要取决于他的工作。我们的经济一直以来都高度依赖人类劳动，所以特别强调生产的重要性。市场经济的基本激励作用也印证了这个事实。对普通人来说，要想消费首先要参与生产。然而，从我们刚刚做的思维实验中可知，未来社会经济将高度依赖于消费需求。普通人对社会经济的贡献很可能不仅仅只有工作，还有消费。

发展科技需要巨大的资金投入，而商业投资在其中占了很大的比例，也就是说这些资金目前主要来自于消费者为需求买单的钱。如果我们希望在未来几十年或几百年内实现爆炸式的科技进步，并充分发挥科技的力量，我们将不得不对经济体制进行改革，让个人消费不再与生产挂钩。否则的话，（经济学意义上的）消费需求将会极大地限制科技的发展。如果我们没能适应这种变化，科学技术的发展也许会裹足不前。然而，如果我们成功地适应了这种变化，我们将迎来史无前例的科技进步和经济繁荣。

未来，在评价一个人对社会的贡献时，他的消费也许会变得和他的工作一样重要，这种想法很难被人接受。毫无疑问，适应这种变化需要时间。

对于大多数人来说，他们所从事的工作并不能完全代表他作为一个人的独特性。虽然有一小部分幸运的人能从事他们愿意全身心投入并体现自己价值的事业，但是大多数人做手头的工作只是因为他们没有别的选择。对我们大部分人来说，工作并不能代表我们自己。

那我们的消费呢？如果你能记录一个人一生中购买的所有商品和服务，以及消费的时间和地点，你一定会发现某些与众不同的东西。从某种程度上说，这种记录更丰富地反映了一个人的生命历程，它是每个人特有的“经济基因序列”。在体现一个人的独特性方面，他的消费历史无疑是既客观又全面的。

消费者的选择还推动了技术的应用和发展。从某种实际意义上说，我们作为消费者所做的每一个决定都促进了技术的进步和社会的总体发展。例如，购买环保产品的消费者实际上是在用行动支持这一事业，而购买音乐产品的消费者，实际上是在支持他所喜爱的艺术家和从事相关工作的人。市场经济允许你通过消费来投票，这就是为什么资本主经济具有其他经济体制不具备的优越性。

我认为人们的消费观念迟早会发生改变，并开始重视我们的每一个消费决定为经济和社会发展做出的贡献。有一天，大多数人的经济价值将不仅在于他们参与了哪些生产，而且在于他们参与了哪些消费。选择如何消费，就是在选择支持那些你所关心的东西。如果我们能够让全世界数亿贫困人口参与到这一消费行列中来，那将是真正的绿光。

绿光

The Green Light

随着新激励政策的逐渐普及，我们的隧道现在变得越来越热闹了。我们看到大量暗淡的绿色光点开始流进入隧道，刚开始时它们很谨慎地接触隧道内壁的屏幕，但很快就变得越来越亮，完全融入了热闹的消费海洋。而在另一方面，仿佛受到了这些新进入的绿色光点的刺激，隧道内壁上出现了越来越多的屏幕。

与此同时，隧道本身似乎也在慢慢生长，不但它的内部变得越来越宽大，隧道两端也在向外延伸。它从容不迫地容纳新的光点和屏幕。渐渐地，原来处在隧道之外的大部分暗淡的光点都转移到了隧道里面。现在，隧道以外的空间越来越小，而且几乎找不到暗淡的光点了。

很明显，隧道中光点的数量出现了显著的增长，而且整体亮度越来越高，呈现出一片生机盎然的绿色。

相反的观点

Opposing Arguments with Responses

我在这里列举了一些与本书相反的观点，这些观点有些由来已久，有些是我在某处偶然看到的。

经济发展总会创造新的就业岗位，技术进步永远不会导致结构性失业。

大多数经济学家可能都会赞同这个观点，同时反对我在本书中提出的建议。但是我认为我们最终会面临严重的失业问题。

确实，科技的进步一直在不断提高生产效率，从而使得生产产品和提供服务的成本持续降低，价格不断下降，于是消费者的购买力会出现富余，多出来的钱将用于尝试其他产品和服务。过去大部分行业是劳动密集型的，需要雇用大量劳动者进行生产才能满足新出现的需求，于是整体就业形势会越来越好。所以从历史上看，科技进步并未导致持续的、大范围的失业。

然而，我相信机器自动化的快速发展最终会使得大多数传统劳动密集型行业变成资本密集型行业。而新出现的行业也将是资本密集型的，导致整体经济的劳动密度降低，最终越过一个临界点。超过这个临界点，社会经济就再也无法容纳更多由于机器自动化而失业的工人。这个过程非常残酷，如果不提前做好准备，社会消费力将出现大幅下降。民众也会对未来的收入失去信心，从而引发恶性循环，造成更大规模的失业。

如果技术进步真的会导致失业，那么人们早就没有工作可做了，因为技术已经发展了几百年。

这其实是在说：以前没有发生的事，以后也不会发生。历史无数次证明，技术进步将很多以前认为不可能的事变成了可能。飞机和核能在历史上都曾被认为是不可能的，但是现在都实现了。

有些人虽然相信技术会继续发展并创造出前所未有的新事物，但是不相信技术发展会改变最基本的经济运行方式。如果技术进步可以影响生活的方方面面，为什么它不可能改变经济的运行方式呢？正如我在第二章指出的，先进的计算机技术在某种程度上以前所未有的方式导致美国次贷危机演变成了全球经济危机。谁还能说快速发展的技术可以改变整个世界，却唯独不影响经济的运行方式呢？

别忘了人口老龄化，等生育高峰（1946—1964年）出生的人纷纷到达退休年龄，我们要面对的将是严重的劳动力短缺，而不是什么失业问题。

包括中国在内的所有发展中国家都将迎来人口的快速老龄化。由于年轻人太少，而退休老人太多，各国的退休养老体系都面临着巨大的压力。确实，这将在一定程度上缓解由于机器自动化造成的失业危机，但是从长远看，它并不能阻止机器自动化的步伐。相反，如果人口老龄化导致劳动力出现大幅短缺，那么企业就更有理由使用机器代替工人劳动了。换句话说，人口老龄化问题将进一步推动机器自动化的发展。类似的情况已经在日本出现，由于老年人护理领域长期缺少劳动力，日本不得不致力于发展机器人护理技术，并取得了相当好的成果。

此外，机器很容易大批量复制。与人相比，它们上岗之前也不必接受教育和培训。只要某个工种实现了机器自动化，就能很快缓解这个工种劳动力不足的问题。所以，不是人口老龄化将阻止机器自动化，而是机器自动化将成为解决人口老龄化问题的途径之一。

但是我们仍然不能掉以轻心。机器可以填补老年人退休后的空缺，也可以剥夺年轻人的工作。到那时，各国的退休养老保障体系很可能将无法再维持下去。

企业不可能完全自动化，因为实现机器自动化需要较高的启动资金，而且会降低经营的灵活性。

资金门槛确实会阻碍某些企业接受机器自动化的步伐，但从长远看，机器会变得越来越经济实惠，而且越来越稳定可靠和灵活多变。随着技术进步，机器在某些方面的表现将会胜过普通员工，从而使得非自动化的企业变得毫无竞争力可言。以网上银行提供的自动缴费服务为例，其速度和效率已经不是普通的银行出纳能够提供的了。

机器自动化不仅可以帮助企业降低工资开销，还能解决其他一些让企业管理者头痛的问题，比如安全问题、病事假、福利发放、管理压力（如果你不雇用工人，也就用不着再雇用一线管理人员了），等等。

有些企业担心机器自动化会降低经营的灵活性。如果企业斥资购买一套昂贵的自动化机器用于生产特定产品，而这款产品卖得并不好，那么这些机器设备就会变成企业的负担。但是我认为未来的自动化技术将变得更加灵活，从而具有更广泛的适应性。而且，我相信自动化设备的制造商已经充分认识到了这个问题，他们会制造出更加灵活多变的产品。

机器可能会取代大多数低技能劳动者，但是它永远无法完成需要接受教育和培训才能完成的高水平的、专业化的工作。

我觉得这是一种很危险的误解。传统观点认为我们的社会存在着一个围栏。围栏里面是美丽的花园，里面的人受过高等教育和培训，他们是信息时代的获益者。围栏外面是荒地，这里住着技能水平较低的人，这些人的工作受到科技进步和全球化的双重冲击，他们不得不做两三份兼职来谋生。要解决这个问题，只能给围栏外面的人提供更多的培训，好让他们翻过围栏进入美丽的花园。

这个比喻的危险之处在于它暗示围栏是固定不动的。但我认为围栏正在缩小，而且会缩得越来越快。越来越多受过高等教育的人会发现自己突然进入了荒地。正如我在书中指出的那样，未来的几年或几十年里我们将看到人工智能领域的快速发展，届时很多上过大学、从事着目前计算机无法从事的工作的人将会失业，因为这些工作可以被分解成更小的任务交给机器完成。随着时间的流逝，这些工作会逐渐被自动化取代。我们还不清楚围栏会缩小到什么程度，但它的缩小已经是不争的事实。

许多工作都要求交际沟通能力，而这种能力是机器所不具备的。

这类工作确实存在，但是它们这丝毫不能缓解机器自动化带来的冲击。我觉得人们通常低估了自己所从事的工作被机器取代的可能性。银行出纳也需要交际沟通，但是这并没有阻止人们使用网上银行和取款机。总的来说，只要足够方便，消费者还是很乐于接受自助服务的。

许多人的工作交际只限于公司内部，工作要求他们频繁地与同事沟通，所以他们觉得自己的沟通能力是不可代替的。但是，如果你冷静地想一想，就会发现，出现这种情况是因为其他工作也是由人来完成的，一旦机器自动化取代了你身边的同事，你的沟通能力将变得越来越不重要。

最后，即使机器自动化不会给就业带来直接冲击，也会带来间接冲击。就算某些工作不会完全被机器取代，但是它们依然有可能因为效率不如机器高而受到消费者的抱怨。

两个值得思考的问题

Two Questions worth Thinking About

问题一：只要运用一下想象力，我们不难想象一个不再需要人类参与劳动的经济体系。尽管有些人不愿意承认这一点，但是从理论上说，这样的经济体系是完全有可能保持运转的。如果机器代替了人从事一切工作，人们还可以留出时间做任何自己想做的事。

但是，你能想象出没有消费者参与的经济体系该如何运转吗？

问题二：大多数经济学家认为经济的长期繁荣和发展与技术进步密切相关。换句话说，社会变得越来越富裕的主要原因是我们用来制造产品和提供服务的机器变得越来越先进了。如果我们认为经济会一直保持繁荣和发展，那就意味着机器也必须变得越来越先进。

那么机器是否有可能变得越来越先进，却始终无法实现自动化呢？

我们目前处在哪个阶段？
Where Are We Now?

再回头看看图 3.1，它代表了机器自动化与普通人工资之间的关系。如果这张图的基本形状是正确的，那么我们不禁要问：我们现在处于图中的哪个位置？我觉得有四种可能。

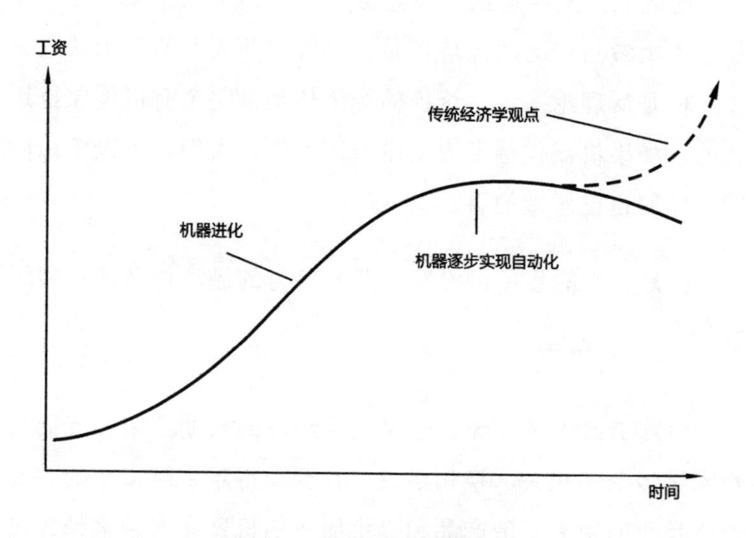

图 3.1　工资与自动化的关系

第一种可能：我所阐述的观点是错误的，而传统经济学的观点是正确的。那么目前的经济疲软就只是暂时的，我们最终会回到正轨，人们的收入会继续沿着图中的虚线上升。

第二种可能：虽然我的观点没有错，但是我们离机器自动化的大范围普及还很遥远。那么整体经济和人们的收入仍将保持继续上升的态势。

第三种可能：我们正处在虚线和实线分叉点（临界点）附近。那么我们将会看到经济逐渐陷入低迷。如果不想出应对的办法，整体经济形势和人们的收入就会陷入萧条状态。我个人认为我们正处在这种状态下。

第四种可能：我们早已越过了临界点。之所以危机还没有爆发，只是因为消费者的借贷消费掩盖了过去几年的实际情况，而当下我们正在进入清算阶段。这是最糟糕的情况，但是我觉得它不能被完全排除。显然，如果情况真是这样，留给我们的时间就不多了。

未来 10~20 年可能出现的现象

The Next 10-20 Years

我在本书中阐述的观点虽然不是基于对经济数据的分析，但却是基于一种理性的推测，是对科技发展趋势的判断。我认为我的判断仍然是相当保守的。尽管如此，目前已经出现了一些可以支撑这种观点的迹象。

我并不指望所有人接受我的观点。我写这本书的初衷只是想呼吁大家重视我在书里提出的问题。我希望经济学家和公众能以开放的态度和思维重新看待机器自动化给社会经济带来的挑战和机遇，这样我们才有可能规避未来可能面临的风险。为此，我想提醒大家在机器自动化的发展进程中，我们可能会遇到的一些现象。

消费需求疲软使得商业投资向减少人力成本的技术领域倾斜。

如果我们的整体消费需求表现仍然不乐观，风险投资就不会再热衷于进行多样化的投资，因为他们想等到经济进一步复苏时再出手。这导致的结果就是，我们可能会发现普通创业公司很难再获得风险投资。与此同时，那些可以立即节约生产成本的新技术会脱颖而出。风险投资会流向诸如机器人技术和人工智能等降低劳动力成本的领域。其中一些企业可能会致力于将智能模块嵌入到大公司使用的企业软件里，而另一些企业可能会选择为中小企业开发可以通过互联网使用的机器人。我预计业界将着重发展有关机器学习的算法和技术，让机器通过简单的学习掌握不同种类的工作。另外，由于技术工种的自动化往往需要开发复杂的机械设备且投入大量的资金，因此这些新技术初期的主要目标很可能是替代白领和知识工作者。

离岸外包和自动化将威胁小企业的生存。

我怀疑大多数经济学家都低估了外包对小企业的威胁，因为他们觉得建立离岸外包合作关系的前期时间成本和资金成本依然是不小的障碍。但我觉得离岸外包行业将会逐渐清除这些障碍，或者将其最小化，比如借助互联网工具降低离岸外包的前期谈判和签订合同的成本。这种方式对特定化、标准化的工作任务尤其适用。届时，许多承接这类业务的小企业将直接受到海外竞争者的威胁。类似的事情还会发生在复杂度持续提高的自动化软件开发领域。如果情况真的如我所料，它将会在很大程度上影响美国的就业前景。

某些高薪知识工作者将面临更严峻的竞争。

随着人工智能软件的发展，“工作经验”和“判断力”的壁垒作用将会越来越小。一个聪明且受过良好教育的年轻人运用人工智能工具就能完成高薪专业人士的工作。如果这种人工智能工具和外包结合起来，专业知识工作者甚至不得不面临外国年轻人的竞争。

机器自动化在劳动力密集型的行业呈现增长趋势。

正如我在书中指出的，美国经济的主要危机将会出现在劳动密集型行业（尤其是服务业）出现大规模机器自动化的时候。在诸如零售和快餐这些低工资的行业，自动化可能会由于购买设备的资金门槛较高而暂时受阻。但是随着技术的发展，成本降低，门槛也会逐渐消失，最后竞争的压力会迫使企纷纷采用自动化技术。

新技术行业不再创造大量工作岗位。

也许有人指望科技发展会在未来创造出新的行业，从而带动就业。但我认为这些新兴的行业不太可能是劳动密集型的，它们从诞生的那一天起就必然会充分利用机器自动化技术和信息技术，所以很难为一般民众提供就业机会。另外，这些新兴的行业很可能会与现存或未来会出现的劳动密集型行业竞争，并最终摧毁它们。

绿色能源行业可能成为是一个例外，该行业需要工人安装和维护太阳能电池板、风力发电机等。但是这些基础设施的安装大多是一次性的，所以无法支撑持续性的就业增长。

大学文凭不再像以前那么吃香。

正如我在第二章指出的那样，我们有理由相信“大学文凭是通往成功的入场券”这个观点将会受到挑战。知识工作领域的自动化技术很可能会造成越来越多的白领失业，应届大学毕业生的就业压力会越来越大。

知识工作者的工资会不断降低，特别是某些以往拿高薪的专业人士。这些人大部分是中年人，有养家糊口的压力，但是他们的工作前景却越来越差。未来，有关知识工作者年龄歧视的诉讼很可能会成为让法院头疼的问题。

总之，持续疲软的经济走势必然会影响年轻人接受大学教育的积极性。因此，我建议把接受教育作为未来收入分配政策的激励目标之一。

政府部门的工作变得抢手。

由于没有竞争压力，政府部门不那么容易受到自动化的影响，因此公务员的工作相对比较安全。这将导致公职岗位的竞争越来越激烈。美国将变得像法国一样，四分之三的人都想为政府部门工作。

企业裁员将日益严重，不少受过高等教育的企业员工努力工作了一辈子，到头来发现自己还面临下岗的威胁。而公务员不但工作舒适，还享受稳定的福利和养老保险。这很可能会引发公愤，导致许多人拒绝纳税，进而引发纳税人与公务员之间的矛盾冲突。

从结构性失业发展到普遍失业。

到了某个时候，结构性的失业会越来越明显。比如，非技术工种、服务行业和应届大学毕业生的失业率会逐渐增加，中老年人失业问题会变得更严重，已退休人员为了谋生被迫继续工作，却始终找不到合适的工作，等等。到那时，政府的失业救济金很快就会耗尽，而与之相关的利益纠纷很可能会引发新的政治斗争。

最终，结构性失业会演变成普遍性失业，所有行业都会出现失业现象。无论你的教育程度和收入水平如何，你都将面临失业的风险。长期失业将成为一个普遍问题。需要注意的是，这种普遍性失业是由机器自动化的直接影响和消费支出低迷的间接影响共同造成的，因此，它的影响甚至会波及那些自身工作不受自动化威胁的人。

发展中国家压力增加。

如果美国和世界其他发达地区的消费支出持续走低，发展中国家将很难继续维持国内就业率的稳定，更不要说增长。跨国零售商巨头将进一步对发展中国家的制造企业施加压力，压榨企业的利润空间。这些企业别无选择，只能越来越依赖机器自动化，以此来提高生产效率和降低生产成本。在缺少健全社会保障体系的发展中国家里，尽管政府想尽各种办法刺激消费，国民储蓄率仍然会进一步攀升。所有这一切都可能导致社会动荡和不稳定事件的发生。

金融市场进入不稳定时期。

大家都知道，2008年的全球经济危机是由美国的次贷危机引发的，而工资水平停滞是造成次贷危机的重要原因。显然，低工资让这些贷款人无力偿还贷款。

除此之外，我认为“所有权社会”[†]的提法也对次贷危机起到了推波助澜的作用。此前，越来越多的证据表明普通民众的工资增长有限，不可能让他们过上更加富裕的生活，于是政府鼓励民众通过购买房地产来获得稳健的资产升值，从而分享社会财富的增长。

但是结果并不理想。因为几乎所有资产的价值都是以一个基本前提为条件的：存在一个始终提供强劲消费需求的、充满活力的大众市场。如果这个基本前提受到威胁，资产的价值就很难维持，金融市场将出现持续的波动并演变成一种常态，最终造成通货紧缩。

别忘了，市场经济生产出来的所有东西最终都要被人类

[†] 译者注：所有权社会是乔治·W.布什总统提出的政治口号，它强调个人责任、经济自由和拥有财产的重要性。

个体所消费。要知道国内生产总值（GDP）等于个人消费支出、企业投资（基于对未来消费支出的期望）、净出口（在其他国家的消费支出）、政府支出（政府为个体提供服务所消耗的资金）的总和。所有这些归根结底都要以个体的购买和消费为基础。

消费者需要收入以及对未来收入的信心来支撑持续的、可自由支配的开支，正是这些开支支撑着我们的社会经济。仅仅靠鼓励民众购买房产是无法解决市场消费需求持续低迷的问题的。

非理性的政治斗争。

如果我预测的这些趋势和现象真的发生了，而且人们对于正在发生的事情没有达成一致的理解和合理的共识，就会引发可怕的政治斗争。非理性的政治斗争和党派之争将愈演愈烈。政客担心自己的位置难保，所以会以纯粹的利己主义的方式行事。保守派可能会坚持对企业减税，尽管这种减税措施很明显难以提高就业率。自由主义者可能会要求增加岗位培训，即使教育资金会逐渐减少。政客们还有可能背地里资助各种工会，打击竞争对手，从而导致劳资冲突日益严重。

马克思的预言

Outsmarting Marx

本书的观点是，随着技术的加速发展，机器自动化对经济的影响会持续增加，工资将不再能够为消费者提供足够的可支配收入，人们将对未来失去信心。这个问题不解决，就会导致经济的持续下滑。

我不得不承认，这个观点与马克思的预测非常相似。马克思预言，无情的“资本积累”将导致大量工人失业，同时工资水平将持续下降，最后难以保障人们的基本生存。这又会进一步削弱消费需求，导致利润下降，造成经济危机甚至经济崩溃，最终拖垮资本主义。

如果我的观点是正确的，那么我们就不得不尴尬地承认马克思在分析资本主义危机方面还是很有洞察力的。当然，这并不意味着我们应该采用马克思的解决方案。他主张取消私有财产，实行中央计划经济，更夸张的是革政府的命和实行“无产阶级专政”。历史已经证明他的这些设想是行不通的。

我提出的解决方案是对现有的经济体系进行改良，使它适应未来的形势。市场经济不是一种自然现象，它其实更像一台我们已经使用并不断完善了几个世纪的机器——一台受激励驱动的发动机。马克思曾设想彻底摧毁这台发动机。而我认为应该对它进行调整，必要时甚至要修改某些设计，从而让它继续运转下去。具体的方案就是我在这本书里提出的建议。

机器智能和图灵测试

Machine Intelligence and the Turing Test

本书讨论的主要是“狭义人工智能”可能对经济造成的影响。“狭义人工智能”是指机器（包括软件）可以在相对较窄的应用领域内完成准确的分析、推理和决策任务。这种机器还算不上真正的智能，但它们在特定环境和条件下可以很好地完成任务，而且有可能做得比人类还好。

狭义人工智能已经广泛应用于各种领域，比如自动驾驶飞机的软件、内置先进算法的互联网搜索引擎，甚至多人角色扮演游戏等。狭义人工智能属于人工智能的应用领域，正因为如此，它吸引了大量的商业投资。这些投资极大地推动了狭义人工智能的应用广度和深度，以至于它有可能永久性地取代大量普通人的工作。

虽然狭义人工智能的应用越来越广泛，但是人工智能的皇冠应该还是属于强人工智能。强人工智能的目标是制造出推理能力和理解能力可以与人类相媲美，甚至优于人类的机器。如果强人工智能机器真的制造出来了，而且价格也可以接受的话，那么我在本书中所预测的趋势还会进一步放大，并对经济造成更严重的冲击。

20 世纪 80 年代，强人工智能曾经热闹过一阵，但是由于当时的计算机硬件速度还比较慢，影响了研究的进展。近年来，由于处理器的性能不断提升，加上价格不断下降，这个领域正在重新变成热点。

强人工智能的研究方向大致有两个。第一个方向是直接从传统的计算机算法中寻找突破，希望让计算机实现真正的智能。这种方式用复杂的软件来实现机器的推理能力和理解能力。第二个方向是试图理解并模拟人的大脑。比如瑞士联邦理工学院（EPFL）与 IBM 公司合作的蓝脑计划（Blue Brain Project）就是其中之一。如果研究人员理解了人脑的基本工作原理，就有可能实现真正的人工智能。但它并不是完全复制人脑，而是要构建一个全新的东西。

强人工智能什么时候能实现呢？如果你去问这个领域的顶尖专家，他们的回答差距会很大。乐观者会说二三十年内就有可能实现，而谨慎的人会说至少还需要五十年。当然，还有人会告诉你永远不可能实现。

有关强人工智能能否实现的讨论已经涉及哲学甚至宗教领域。智能的本质是什么？它是智能算法吗？它可以与自我意识分离吗？世界著名的数学物理学家罗杰·彭罗斯（Roger Penrose），在他写的好几本书中都认为真正的人工智能是无法通过传统计算机实现的。因为他认为智能（或至少是意识）是与量子力学有关的。

假设强人工智能可以实现，那我们该如何判断它是否实现了呢？六十年前数学家阿兰·图灵（Alan Turing）首次提出了这个问题。图灵在第二次世界大战期间帮助英国破译德军密码，在他的努力下，英军成功破译了德军 U-潜艇密码，为盟军扭转大西洋战场战局立下汗马功劳。他被认为是计算机科学的创始人。1950 年，图灵发表了题为“计算机器与智能”（Computing Machinery and Intelligence）的论文，他在论文中设计了验证机器能否思考的测试方法，俗称图灵测试。

图灵测试的灵感来自当时流行的聚会游戏。测试需要三方的参与，其中一方是人类考官，另外两方是一个人和一台机器。人和机器都努力通过回答问题和对话让人类考官相信自己才是人类。如果人类考官无法判定究竟哪个才是人类，那么这台机器就算通过了图灵测试。

图灵测试也许是最广为人知的判断机器智能的方法。在实际应用中，图灵测试的规则可以进一步细化，比如使用一组考官，而不只是一位考官。正如图灵在他的论文中指出的那样，图灵测试是一个模拟游戏，它测试的是智能实体模仿人类的能力，而不是智力本身。理论上这种测试可以涉及任何领域和话题，所以我认为智能机器很可能会由于缺乏实际的人类经验而难以通过测试。

（请扫描二维码访问相关链接[†]。）

1. 谷歌创始人拉里·佩吉（Larry Page）有关人工智能的讲话。

2. 作家、预言家雷·库兹韦尔（Ray Kurzweil）和 Lotus 公司创始人米切尔·卡普尔（Mitch Kapor）打赌，前者认为计算

[†] 译者注：由于众所周知的原因，部分文章需要“翻墙”访问。

机在2029年之前就能通过图灵测试，而后者认为这是不可能的。赌注是两万美元。

3. 美国人口普查局（U.S. Census Bureau）公布的2010年人口普查数据。

4. 世界银行（World Bank）2013年统计的全球贫困人口比例。

5. 多丽丝·科恩斯·古德温（Doris Kearns Goodwin）的著作《林肯与劲敌幕僚》（Team of Rivals: The Political Genius of

Abraham Lincoln)，2006 年出版。

6. 1980—1996 年间生产的超级计算机、大型机、小型机、工作站的运算速度排名（以 MIPS 为单位），数据由 Roy Longbottom 收集统计。

7. 维基百科（Wikipedia）对计算机每秒执行指令数的定义，以及对各种型号计算机运算速度的统计。

8. 作家、预言家雷·库兹韦尔（Ray Kurzweil）的著作《奇点临近》（The Singularity is Near: When Humans Transcend

Biology）2005 年出版。

09. 斯坦福大学的研究人员利用量子电子波的干涉图样成功地对字母 S 和 U 进行了编码。

10. 斯坦福大学的研究人员 Christopher R. Moon、Laila S. Mattos、Brian K. Foster、Gabriel Zeltzer、Hari C. Manoharan 发表的论文《二维电子云中的量子全息编码》（Quantum Holographic Encoding in a Two-dimensional Electron Gas）。

11. 物理学家、宽客、《风险》杂志的专栏作家伊曼纽尔·德

曼（Emanuel Derman）的著作《宽客人生》(My Life as a Quant: Reflections on Physics and Finance)，2004 年出版。

12. 查尔斯·狄更斯（Charles Dickens）的小说《雾都孤儿》（Oliver Twist）。

13. 美国国家经济研究局（National Bureau Of Economic Research，NBER）2008 年公布的调查报告《下降的美国高中生毕业率》(The Declining American High School Graduation Rate: Evidence, Sources, And Consequences)，作者是 James J. Heckman 和 Paul A. LaFontaine。

14. 美国国家教育统计中心（National Center For Education Statistics，NCES）公布的关于美国成年人阅读能力的报告《州县阅读能力评估》（State and County Literacy Estimates）。

15. 维基百科对申请美国大学入学资格考试（Scholastic Aptitude Test，SAT）的解释和说明。

16. 《信息周刊》（Information Week）2004 年刊登的一篇文章《自动化对外包工人的威胁》（Automation Takes Toll on Offshore Workers），作者是 Paul McDougall。

17. 经济合作与发展组织（Organization for Economic Co-operation and Development，OECD）2006 年 2 月 23 日公布的调查报告《离岸外包对就业率的影响》（The Share of Employment Potentially Affected by Offshoring）。

18. 美国劳工统计局（U.S. Bureau of Labor Statistics）2015 年公布的调查报告《美国典型职业的就业情况和工资水平》（Employment and Wages of Typical U.S. Occupations）。

19. CNET 科技资讯网（CNET News）2005 年 7 月 7 日刊登的文章《科技在防止恐怖袭击中发挥的作用》（Tech's Part in Preventing Attacks），作者是 Michael Kanellos。

20. 《山姆高级管理杂志》(SAM Advanced Management Journal) 2007年1月1日刊登的文章《放射科工作的离岸外包：神话与现实》(The Offshoring of Radiology: Myths and Realities)，作者是Martin Stack、Myles Gartland、Timothy Keane。

21. 《经济学人杂志》(The Economist) 2008年6月19日刊登的文章《机器失去的只有枷锁》(Nothing to Lose But Their Chains)。

22. CNET科技资讯网2005年7月8日刊登的文章《为什么沃尔玛对机器人这么紧张？》(Why So Nervous About Robots, Wal-Mart?)

23. 《纽约时报》（New York Times）2009年3月1日刊登的文章《微软 Mapping 技术：通往摩登未来》（Microsoft Mapping Course to a Jetsons-style Future），作者是 Ashlee Vance。

24. P.W. Singer 的著作《遥控战争：21世纪的机器人革命和冲突》（Wired for War: The Robotics Revolution and Conflict in the 21st Century），企鹅出版社（Penguin Press），2009年出版。

25. Richard A. L. Jones 的著作《软机器：纳米科技与生命》（Soft Machines: Nanotechnology and Life），牛津大学出版社（Oxford University Press），2004年出版。

26. 美国人口普查局（U.S. Census Bureau）2014 年公布的美国人收入与贫困调查报告。

27. 美国人口普查局 2011 年公布的有关美国具有学士学位人群收入情况的调查报告。

28. William Easterly 的著作《难以捉摸的经济增长：经济学家在热带地区的冒险与意外》（The Elusive Quest for Growth: Economists' Adventures and Misadventures in the Tropics），MIT 出版社（MIT Press）2002 年出版。

29. 自动化世界网站（Automation World）2003 年 12 月 9 日刊登的文章《离岸外包不是制造业岗位流失的罪魁祸首》（Outsourcing not the Culprit in Manufacturing Job Loss）。

30. 美联储前主席艾伦·格林斯潘（Alan Greenspan）的自传《动荡的年代》(The Age of Turbulence)，企鹅出版社（Penguin Press），2007 年出版。

31. 美国广播公司（ABC）2006 年拍摄的纪录片《地球上最后的日子》(Last Days On Earth)。

32. 作家雷·库兹韦尔（Ray Kurzweil）预言技术奇点（technological singularity）会在2045年之前出现。

33. 弗诺·文奇（Vernor Vinge）谈技术奇点。

34. 罗伯特·夏皮罗（Robert Shapiro）的著作《下一轮全球趋势》（Futurecast: How Superpowers, Populations, and Globalization Will Change the Way You Live and Work），圣马丁出版社，2008年出版。

35. 托马斯·弗里德曼（Thomas Friedman）的著作《世界是平的：21 世纪简史》（The World is Flat: A Brief History of the Twenty-first Century），Farrar, Strause and Giroux 出版社，2006 年出版。

36. 伊蒙·芬格尔顿（Eamonn Fingleton）的著作《美国在中国崛起后的命运》（In the Jaws of the Dragon: America's Fate in the Coming Era of Chinese Hegemony），圣马丁出版社（St. Martin's Press），2008 年出版。

37. 经济学家皮厄特拉·里瓦利（Pietra Rivoli）的著作《一件 T 恤的全球经济之旅》（The Travels of a T-shirt in the Global Economy: An Economist Examines the Markets, Power and Politics of World Trade），Wiley 出版社，2005 年出版。

38. 经济学家杰夫·鲁宾（Jeff Rubin）和本杰明·塔尔（Benjamin Tal）2008 年 3 月 27 日发表在 CIBC World Markets 投资银行旗下杂志《StrategEcon》上的文章《飙升的运输成本是否会抑制全球化进程》(Will Soaring Transport Costs Reverse Globalization?)（见杂志第 4~7 页）。

39. 谷歌财经（Google Finance）公布的其母公司 Alphabet 的财务状况。

40. 《经济学人》杂志 2003 年 8 月 11 日刊登的文章《产能过剩与就业不足》(Overproductive and Underemployed)，其中

首次指出了失业式经济复苏（growth without job creation）的现象。

41. 《商业周刊》2006 年 4 月 3 日刊登的文章《消失的工作》（The Case of the Missing Jobs），作者是 David Huether。

42. 法里德·扎卡利亚（Fareed Zackaria）的著作《自由的未来》（The Future of Freedom: Illiberal Democracy at Home and Abroad），W.W. Norton & Co 出版公司，2007 年出版。

43. 《外交政策》（Foreign Affairs）杂志 1997 年 11 月刊登

的文章《政府是否过于政治化？》(Is Government too Political?)，作者是 Alan S. Blinder。

44. 杰里米·里夫金（Jeremy Rifkin）的著作《工作的终结》（The End of Work: The Decline of the Global Labor Force and the Dawn of the Post-Market Era），企鹅出版社（Penguin Press），1995 年出版。

45.《纽约时报》2005 年 8 月 30 日刊登的文章《科学头脑？美国并不多》，作者是 Cornelia Dean。

46. 《连线》杂志主编克里斯·安德森（Chris Anderson）的著作《长尾效应》（The Long Tail: Why the Future of Business is Selling Less of More），Hyperion 出版公司，2004 年出版。

47. 宏观经济学创始人、著名经济学家约翰·梅纳德·凯恩斯（John Maynard Keynes）1930 年写的文章《我们后代的经济前景》（Economic Possibilities for our Grandchildren）。

48. 沃尔特·艾萨克森（Walter Isaacson）的著作《爱因斯坦：他的生活和宇宙》（Einstein: His Life and Universe），Simon & Schuster 出版公司，2007 年出版。

49. 数学家阿兰·图灵（Alan Turing）1950 年发表的论文《计算机器与智能》（Computing Machinery and Intelligence）。

50. BBC 新闻 2008 年 3 月 14 日的报道文章《法国学生不适应现实世界》（French students shy of real world）。

51. 瑞士联邦理工学院（EPFL）与 IBM 公司合作的蓝脑计划（Blue Brain Project），旨在理解并模拟人类大脑的工作原理。

52. 著名物理学家罗杰·彭罗斯（Roger Penrose）的著作《皇帝新脑》（The Emperor's New Mind: Concerning Computers,

Minds, and the Laws of Physics)，牛津大学出版社（Oxford University Press)，1989 年出版。

53. 罗杰 •彭罗斯的著作《大脑阴影》(Shadows of the Mind: A Search for the Missing Science of Consciousness)，牛津大学出版社，1994 年出版。

54. 《纽约时报》2009 年 7 月 25 日刊登的文章《科学家担心机器可能胜过人类》，作者是 John Markoff。

作者简介 THE LIGHTS IN THE TUNNEL

马丁·福特（Martin Ford）是 2015 年《金融时报》/麦肯锡最佳商业图书大奖得主，人工智能、机器自动化领域的一流专家，硅谷企业家，在计算机设计和软件开发领域拥有超过 25 年的实践经验。

马丁毕业于密歇根大学计算机工程系，同时还拥有加利福尼亚大学洛杉矶分校安德森管理学院的 MBA 学位。他的博客地址：http://econfuture.wordpress.com

马丁很乐于接受各种评论、批评和指正，读者可以通过电子邮件联系他：lightstunnel@yahoo.com

翻译审校名单

章节	译者	审校
序	杨智	任彬、余晟、易天知
第 1 章	王小松、徐家祐	甄真、任彬
第 2 章	王小松、徐家祐	余晟、张芳云
第 3 章	苏鹏飞、徐家祐	任彬、任爽
第 4 章	王小松、徐家祐	孟征、张芳云
第 5 章	姚以雄	任爽、张芳云
附录	姚以雄	张芳云
延伸阅读	徐家祐	张芳云